安徽省高等学校“十三五”省级规划教材

高等学校规划教材·应用型本科电子信息系列

电子设计CAD教程

主　编　王冠凌　代广珍　王正刚
副主编　邱意敏　柏受军　朱卫东

北京师范大学出版集团
BEIJING NORMAL UNIVERSITY PUBLISHING GROUP
安徽大学出版社

图书在版编目(CIP)数据

电子设计 CAD 教程/王冠凌，代广珍，王正刚主编. —合肥：安徽大学出版社，2020.8(2023.1 重印)

高等学校规划教材. 应用型本科电子信息系列

ISBN 978-7-5664-2063-3

Ⅰ. ①电… Ⅱ. ①王… ②代… ③王… Ⅲ. ①电子电路－电路设计－计算机辅助设计－高等学校－教材 Ⅳ. ①TN702.2

中国版本图书馆 CIP 数据核字(2020)第 125835 号

电子设计 CAD 教程 **王冠凌 代广珍 王正刚** 主编

出版发行：北京师范大学出版集团
安 徽 大 学 出 版 社
(安徽省合肥市肥西路 3 号 邮编 230039)
www.bnupg.com
www.ahupress.com.cn

印　　刷：安徽昶颉包装印务有限责任公司
经　　销：全国新华书店
开　　本：787 mm×1092 mm 1/16
印　　张：8.5
字　　数：258 千字
版　　次：2020 年 8 月第 1 版
印　　次：2023 年 1 月第 2 次印刷
定　　价：19.80 元
ISBN 978-7-5664-2063-3

策划编辑：刘中飞 张明举
责任编辑：张明举
责任校对：宋 夏
装帧设计：李 军
美术编辑：李 军
责任印制：陈 如

前言

Foreword

为了更好地适应我国高校教育从精英式向普惠式的转变，更好地满足高校培养工程应用型人才的需求，在结合专业工程教育、教学改革和学分制要求的前提下，本书强调学科知识体系的完整性，同时重视基础、突出应用。

本书在内容选材上立足于“加强基础、例题典型、重点突出、实用新颖”的原则，在分析和总结以往教材和教学经验的基础上编写而成，内容包含了仿真软件介绍、基本电子电路仿真和综合设计型电子电路仿真三大模块，循序渐进地介绍电子设计 CAD 的过程。书中力求讲清楚实验基本分析方法和基本操作方法，注重实用。考虑到目前大多电子设计 CAD 教材仅介绍一种仿真软件的情况，本书增加了仿真软件的种类，并对仿真过程中容易产生的错误做了相应的提示。为了提高学生的电子设计能力，本书以近几年全国大学生电子设计大赛综合测评题为例，系统介绍综合型电子设计的过程，强调知识结构的系统性和完整性，扩大知识面，增强应用性。

本书由王冠凌、代广珍、王正刚主编，邱意敏、柏受军、朱卫东担任副主编。模块 1 由王冠凌、王正刚、邱意敏、柏受军、代广珍编写；模块 2 由王冠凌、王正刚、邱意敏、朱卫东编写；模块 3 由王冠凌、邱意敏、代广珍编写。王冠凌负责对全书的修改、统稿和定稿。

在本书编写与出版过程中，得到了安徽大学出版社和其他相关教师的大力支持和帮助，在此表示由衷的感谢！

由于编者水平有限，书中不当之处在所难免，恳请广大读者批评指正。

编　者

2020 年 4 月

目 录
Contents

仿真软件介绍

1.1 Multisim 软件介绍

1.1.1 Multisim 简介

NI Multisim 软件是一个专门用于电子电路仿真与设计的 EDA 工具软件。作为 Windows 下运行的个人桌面电子设计工具，NI Multisim 是一个完整的集成化设计环境。NI Multisim 计算机仿真与虚拟仪器技术可以很好地解决理论教学与实际动手项目相脱节的问题。学生可以很方便地把刚刚学到的理论知识用计算机仿真的方式进行实践，并且可以用虚拟仪器技术创造出真正属于自己的仪表。NI Multisim 软件绝对是电子学教学的首选软件工具。下面介绍 Multisim 软件的启动步骤。

(1)启动操作，启动 Multisim 以后，出现如图 1-1-1 所示界面。

图 1-1-1 Multisim 启动界面

(2)Multisim 打开后的界面如图 1-1-2 所示，主要由菜单栏、工具栏、设计栏、缩放栏、仿真栏、工程栏、元件栏、仪器栏和电路绘制窗口等部分组成。

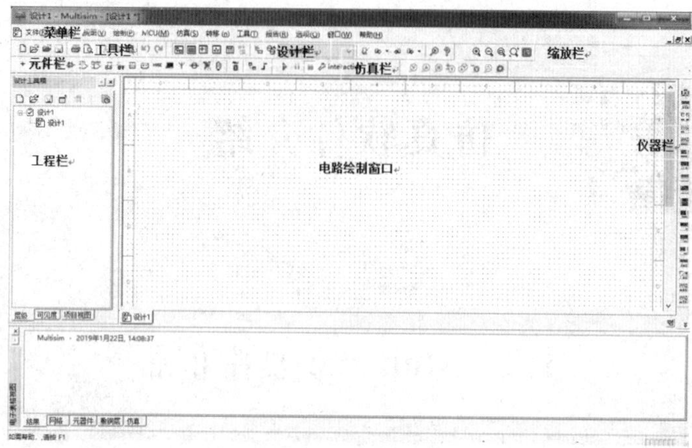

图 1-1-2　Multisim 启动后的界面

(3)选择“文件/设计”,弹出如图 1-1-3 所示的窗口。

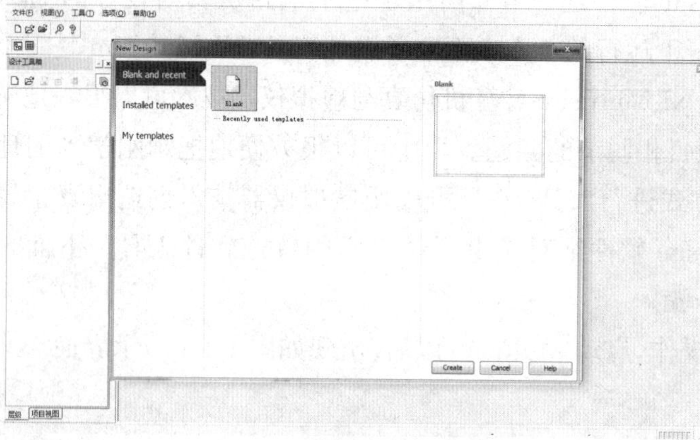

图 1-1-3　Multisim 新建项目窗口

(4)选择“Blank and recent”,点击“Create”弹出如图 1-1-4 所示的主设计窗口。

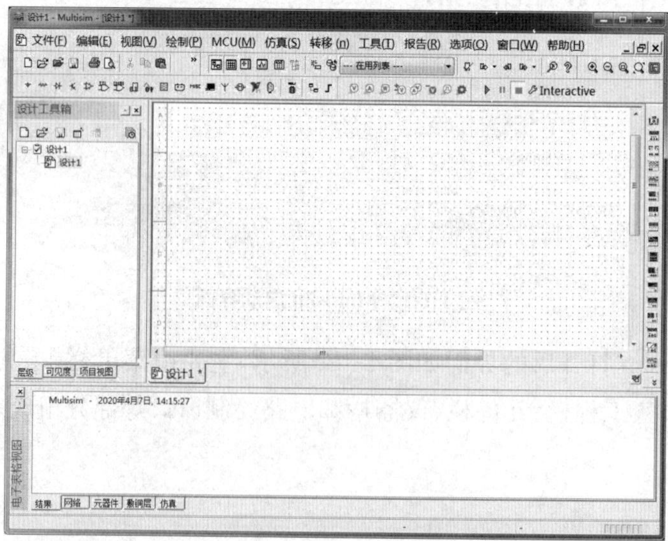

图 1-1-4　Multisim 主设计窗口

1.1.2　Multisim 常用元件库分类

Multisim 常用元件库如图 1-1-5 所示。

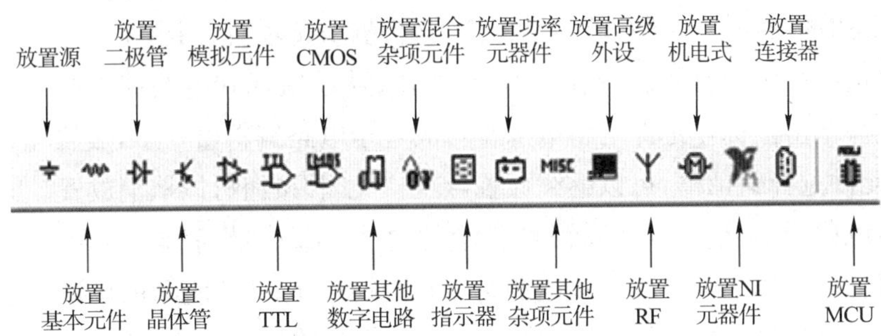

图 1-1-5　Multisim 常用元件库示意图

1.1.3　Multisim 仿真计算快速入门

1. 电阻分压电路的仿真

(1)打开 Multisim 设计环境:文件/设计/Blank and recent/Create,弹出一个新的电路图编辑窗口,工程栏同时出现一个新的名称。单击"保存",对该文件进行命名,并将其保存至指定文件夹下。

(2)放置电源。点击元件栏的"放置源"选项,出现如图 1-1-6 所示的对话框。

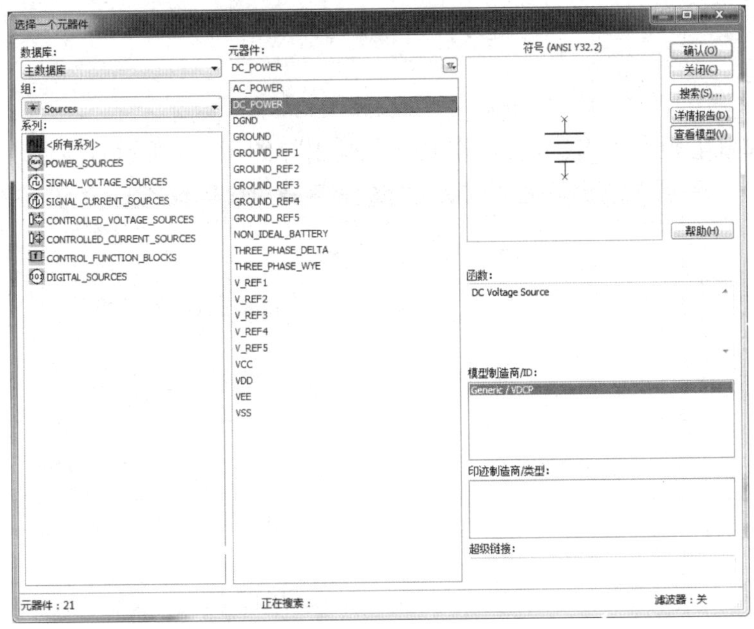

图 1-1-6　放置电源对话框

①单击选择"数据库"选项中的"主数据库"。

②单击选择“组”选项中的“Sources”。

③单击选择“系列”选项中的“POWER_SOURCES”。

④单击选择“元器件”选项中“DC_POWER”。

⑤右边的“符号”“函数”等对话框里，会根据所选项目，列出相应的说明。

(3)选择好电源符号后，点击“确定”按钮，移动鼠标到电路编辑窗口，选择放置位置后，单击鼠标左键即可将电源符号放置于电路编辑窗口中，放置完成后，还会弹出元件选择对话框，可以继续放置，点击“关闭”按钮可以取消放置。

(4)可以看到放置的电源符号显示的是 12 V。如果我们需要的电源不是 12 V，那怎么来修改呢？双击该电源符号，出现如图 1-1-7 所示的属性对话框，在该对话框中可以更改该元件的属性。在这里，我们将电压改为 5 V。此外，我们还能更改元器件的序号、引脚等属性。

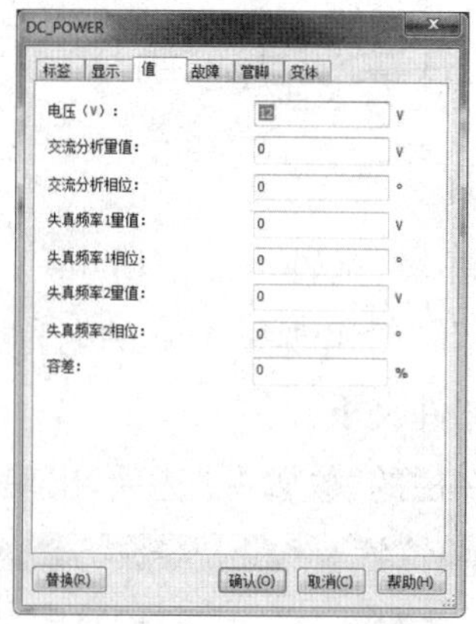

图 1-1-7　电源属性对话框

(5)放置电阻。点击“放置基本元件”，弹出如图 1-1-8 所示对话框。

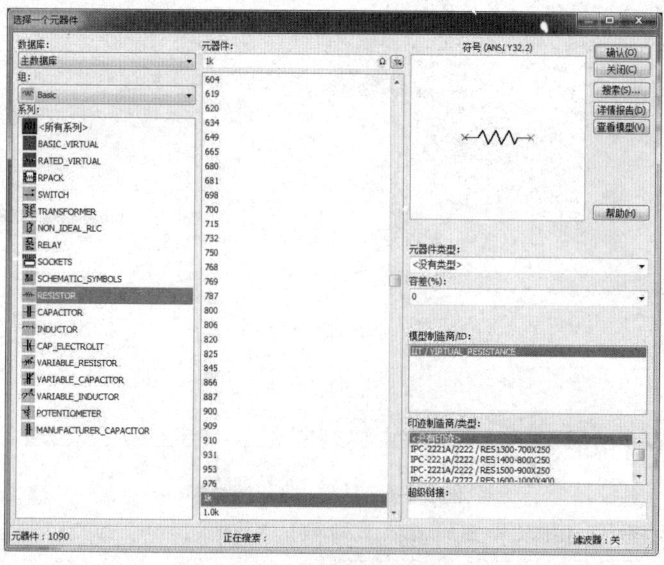

图 1-1-8　放置基本元件对话框

①单击选择“数据库”选项中的“主数据库”。

②单击选择“组”选项中的“Basic”。

③单击选择“系列”选项中的“RESISTOR”。

④单击选择“元器件”选项中的“1 k”。

⑤右边的“符号”等对话框里，会根据所选项目，列出相应的说明。

(6)按上述方法，再放置一个 2 kΩ 的电阻和一个 10 kΩ 的可调电阻。放置完毕后，如图 1-1-9 所示。

(7)我们可以看到，放置后的元件都按照默认的摆放情况被放置在编辑窗口中，例如电阻是默认横着摆放的，但实际在绘制电路过程中，各种元件的摆放情况是不一样的，比如想把电阻 R_1 变成竖直摆放，那该怎样操作呢？可以通过这样的步骤来操作：将鼠标放在电阻 R_1 上，然后右键点击，这时会弹出一个对话框，在对话框中可以选择让元件顺时针或者逆时针旋转 90°。如果元件摆放的位置不合适，想移动一下元件的摆放位置，则将鼠标放在元件上，按住鼠标左键，即可拖动元件到合适位置。

(8)放置电压表。在仪器栏选择“万用表”，将鼠标移动到电路编辑窗口内，这时可以看到，鼠标上跟随着一个万用表的简易图形符号。单击鼠标左键，将电压表放置在合适位置。电压表的属性同样可以双击鼠标左键进行查看和修改。所有元件放置好后，如图 1-1-10 所示。

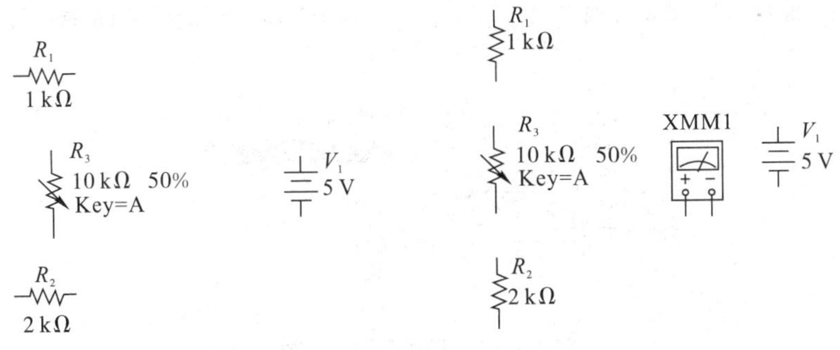

图 1-1-9　绘制元件　　　　**图 1-1-10　放置电压表**

(9)绘制导线。将鼠标移动到电源的正极，当鼠标指针变成 ✦ 时，表示导线已经和正极连接起来，单击鼠标左键将该连接点固定，然后移动鼠标到电阻 R_1 的一端，出现小红点后，表示正确连接到 R_1，单击鼠标左键固定，这样一根导线就连接好了，如图 1-1-11 所示。如果想要删除这根导线，将鼠标移动到该导线的任意位置，单击鼠标右键，选择“删除”即可将该导线删除。或者选中导线，直接按“delete”键删除。

(10)按照(3)的方法，放置一个公共地线，如图 1-1-12 所示，将各连线连接好。

注意：在电路图的绘制中，公共地线是必需的。

(11)电路连接完毕,检查无误后,即可以进行仿真。点击仿真栏中的绿色开始按钮 ▶。电路进入仿真状态。双击图中的万用表符号,弹出如图 1-1-13 的对话框,在这里显示电阻 R_2 上的电压。对于显示的电压值是否正确,我们可以验算一下:根据电路图可知,R_2 上的电压值应等于:$(V_1\times R_2)/(R_1+R_2+R_3)$。计算如下:(5.0×2000)/(1000+2000+5000)=1.25(V),经验证,电压表显示的电压正确。R_3 的阻值是如何得来的呢?从图中可以看出,R_3 是一个 10 kΩ 的可调电阻,其调节百分比为 50%,所以在这个电路中,R_3 的阻值为 5 kΩ。

(12)关闭仿真,改变 R_2 的阻值,按照(11)中的步骤再次观察 R_2 上的电压值,会发现随着 R_2 阻值的变化,其上的电压值也随之变化。注意:在改变 R_2 阻值的时候,最好关闭仿真。千万注意:一定要及时保存文件。

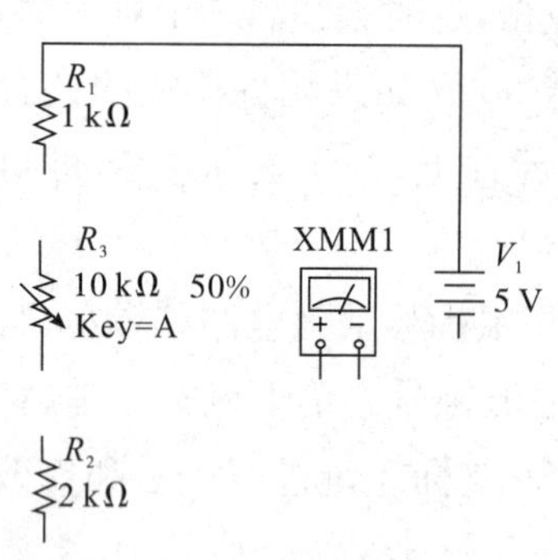

图 1-1-11 绘制导线

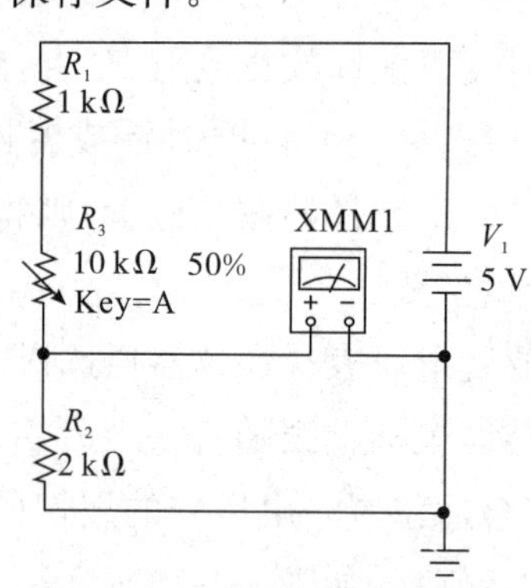

图 1-1-12 电阻分压电路原理图

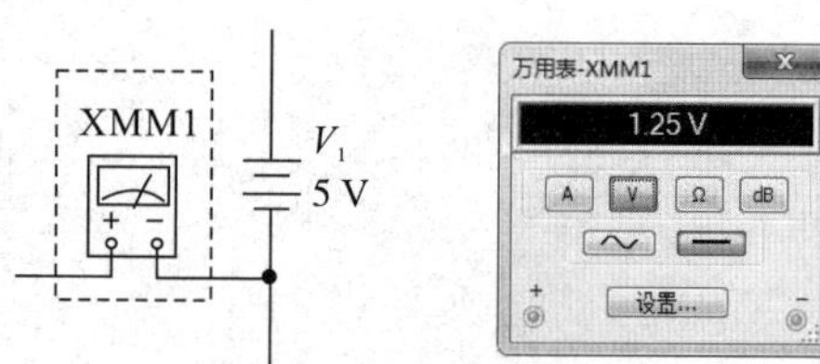

图 1-1-13 万用表仿真结果

2. RC 高通滤波电路的仿真

(1)按照上述实例的步骤建立一个新的工程并保存。通过点击元件栏,画如图 1-1-14 所示的电路。

(2)画的过程中要用到鼠标右键来旋转电阻,如图 1-1-15 所示。

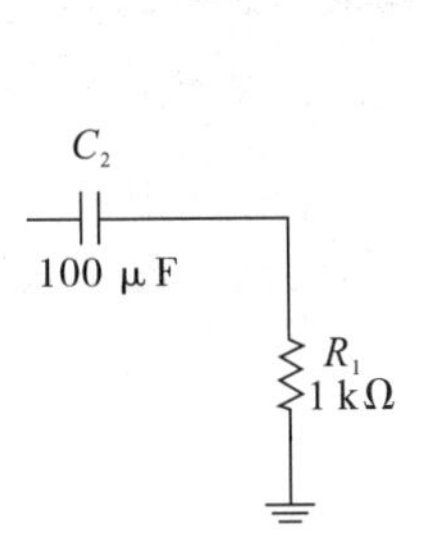

图 1-1-14　绘制电容、电阻

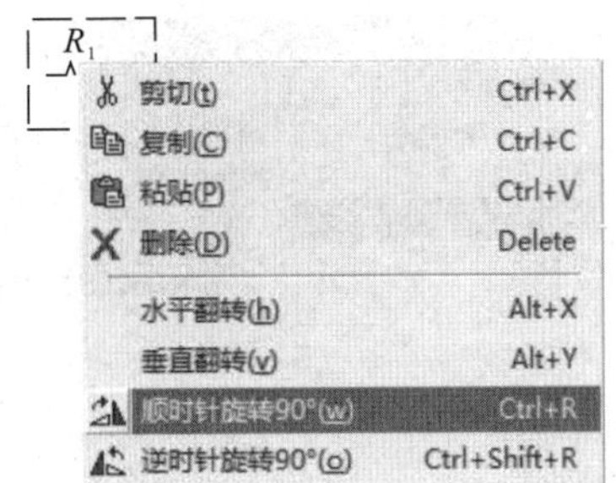

图 1-1-15　旋转电阻

(3)添加信号发生器(第 2 个),如图 1-1-16 中框的部分。

将元器件和仪器连接成如图 1-1-17 所示的电路图。

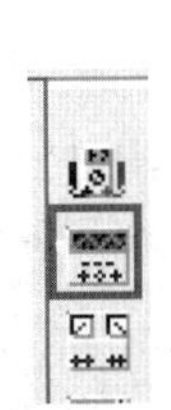

图 1-1-16　添加信号发生器

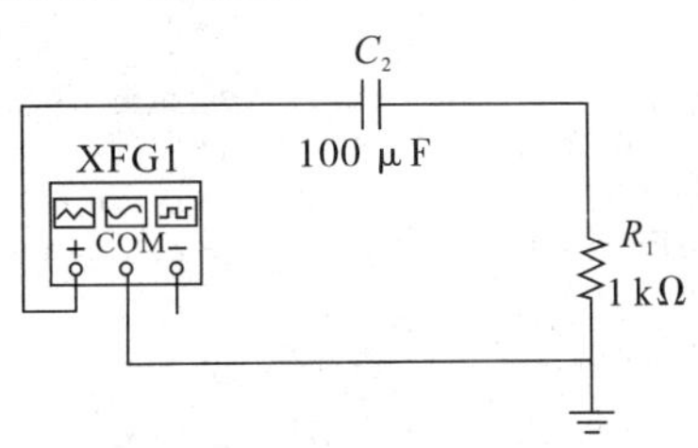

图 1-1-17　RC 高通滤波原理图

(4)开始仿真:点击菜单中的“交流分析”并且把频率参数按图 1-1-18 所示设置好。

输出项选择要测试的电路位置 V(2)(可多选),如图 1-1-19 所示。

最后点击“Run”按钮,就能得到如图 1-1-20 所示的频响相位图。

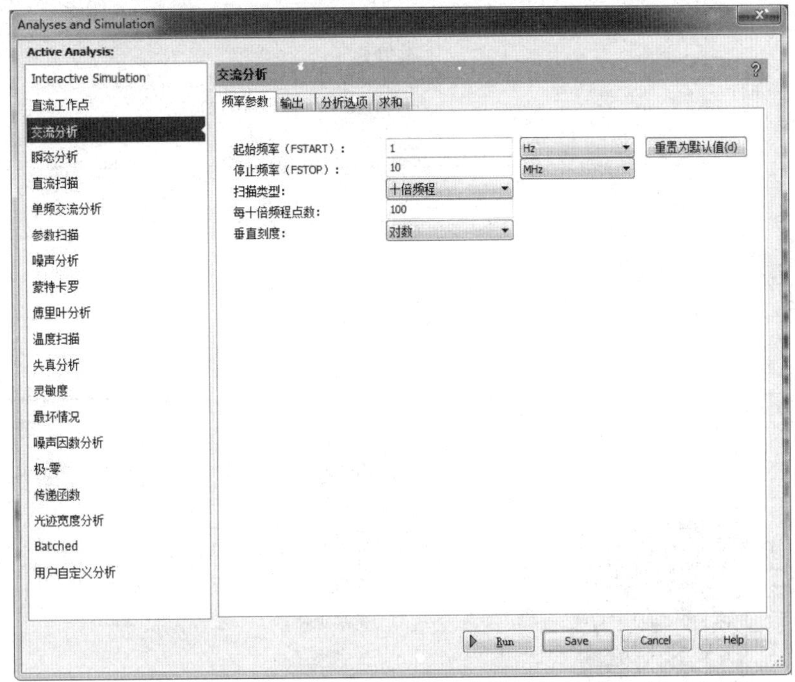

图 1-1-18　设置交流分析参数

图 1-1-19　添加测量变量

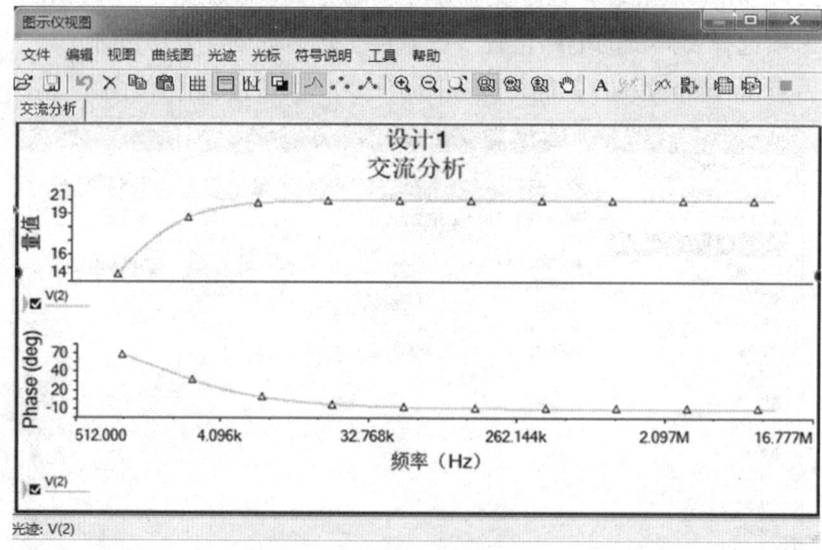

图 1-1-20　频响相位图

Multisim 常用元件库介绍

1.2　Cadence 软件介绍

1.2.1　Cadence 软件简介

Cadence 是一个大型的 EDA 软件，它几乎可以完成电子设计的方方面面，包括 ASIC 设计、FPGA 设计和 PCB 板设计。Cadence 在仿真、电路图设计、自动布局布线、版图设计及验证等方面有着绝对的优势。Cadence 软件是先后兼并多个仿真组件而成的，经常用到的组件有 2 个，一个是 Pspice 仿真组件，主要用于电子电路的仿真计算，另一个是 Allegro 制板组件，主要用于 PCB 板的制作。

使用 Cadence 组件 Pspice 仿真电子电路时的流程如图 1-2-1 所示。首先利用 Cadence 组件 Orcad 绘制要仿真计算的原理图；然后对仿真电路进行仿真文件建立和参数设置，也就是说告诉仿真软件，你要对这个电路做什么样的计算；最后运行仿真观察并分析仿真结果；如果仿真结果不满意，需要调整仿真参数或者修改电路图，重新仿真，直到仿真结果满意为止。

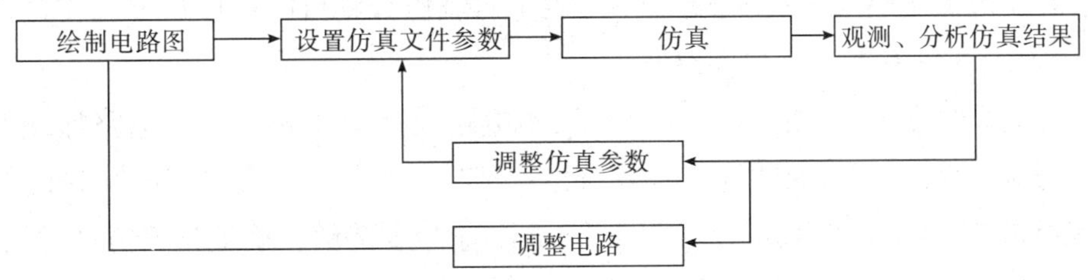

图 1-2-1　Cadence 组件 Pspice 仿真电子电路流程图

1.2.2　Cadence 仿真计算快速入门

1. 共射三极管放大电路的仿真

(1)用 Orcad Capture CIS 软件绘制原理图，如图 1-2-2 所示。

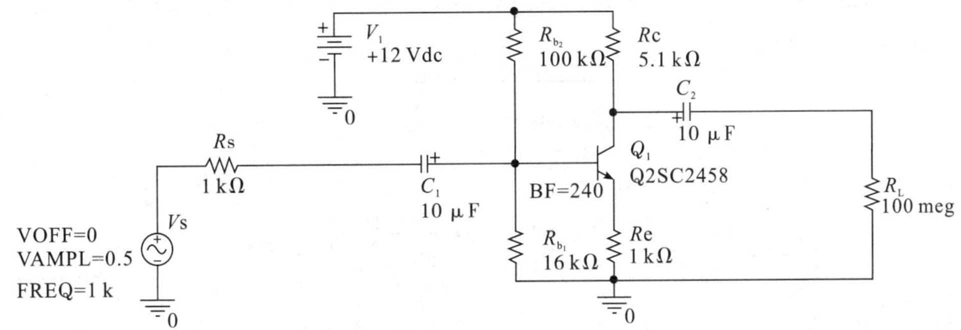

图 1-2-2　共射三极管放大电路原理图

(2)建立并设置仿真文件,如图 1-2-3 所示。

Simulation Settings - td
General | Analysis | Configuration Files | Options | Data Collection | Probe Window
Analysis type: Time Domain (Transi...
Options: General Settings, Monte Carlo/Worst, Parametric Sweep, Temperature (Swee..., Save Bias Point, Load Bias Point, Save Check Points
Run to time: 3ms seconds (TSTOP)
Start saving data after: 0 seconds
Transient options
Maximum step size: 1u seconds
Skip the initial transient bias point calculation (SKIPBP)
Run in resume mode
Output File Options...
确定 取消 应用(A) 帮助

图 1-2-3　共射三极管放大电路仿真文件

Analysis type:选择“Time Domain (Transient)”,表示进行时域仿真分析,研究的是电路中某个电压或电流与时间 t 的关系。

Options:选择“General Settings”,表示时域仿真分析的一般选项。在这个一般选项中,关键有两个参数要设置。

运行的时间长度,即“Run to time”:本电路设置为 3 ms。由于电路加载的激励信号频率为 1 kHz,周期为 1 ms,因此,一般情况下仿真计算可以连续观察 3~5 个完整波形,仿真的时长可设置为 3~5 ms。学生要能够正确地设置仿真时长,时长太短不能够观察整个电路输出趋势,时长太长过程会很慢。

最大步长,即“Maxmum step size”:在 0 到 3 ms 时间内,要设置仿真计算的点数,一般情况下,最大步长设置要比仿真时长小一个数量级,比如本电路使用 1 μs 作为最大步长比较恰当。

(3)开始仿真。单击“仿真”按钮开始仿真计算。

(4)观察负载电阻上的输出电压仿真结果。将电位测量探针放置到负载电阻上,如图 1-2-4 所示。

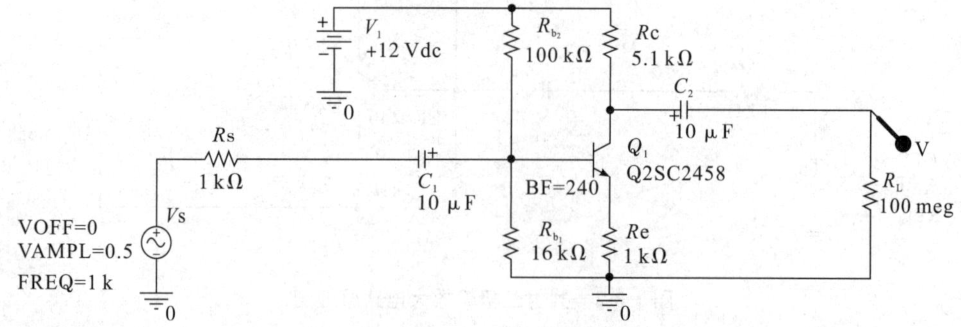

图 1-2-4　共射三极管放大电路原理图(含探针)

输出电压的仿真结果如图 1-2-5 所示，上面波形为输入激励电压，下面波形为负载电阻上的输出电压。

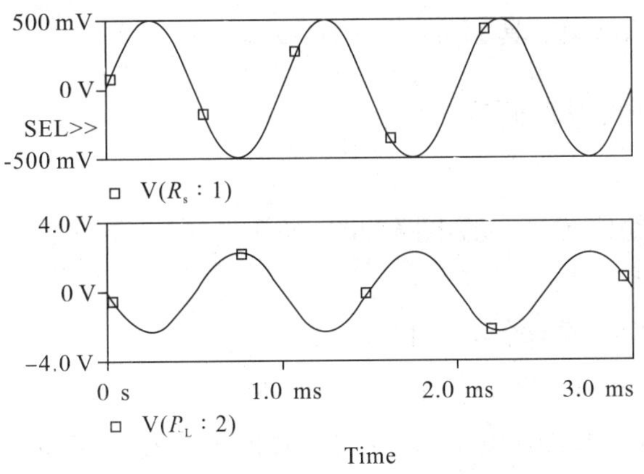

图 1-2-5　共射三极管放大电路仿真结果

Cadence 软件仿真步骤

1.3　LTspice 软件介绍

1.3.1　LTspice 软件简介

LTspice 是一款高性能 SPICE 仿真、电路图捕获和波形观测器软件，可以为简化模拟电路的仿真提供改进模型。LTspice 的下载内容中包括用于大多数 Analog Devices 开关稳压器、放大器的宏模型，以及用于一般电路仿真的器件库。相比于标准的 SPICE 仿真器，LTspice 开关稳压器的仿真速度极快，可让用户能在短短几分钟内观察到大多数开关稳压器的波形。

LTspice 软件不大，最新版 2020 年 3 月 25 日更新的版本只有 41.7 MB。从网上可以下载到 LTspice 入门指南，其操作简单，非常容易上手。LTspice 容易修改元件，比较适合模拟电路、分立器件构成的电路仿真。

一般仿真软件自带的模型往往不能满足需求，而大的芯片供应商都会提供免费的 SPICE 模型或者 PSpice 模型供下载，LTspice 可以把这些模型导入 LTspice

中进行仿真。甚至一些厂商已经开始提供 LTspice 模型，直接支持 LTspice 的仿真。这是在世界各国广泛使用 LTspice 电路图仿真软件的根本原因。

1.3.2 LTspice 仿真计算快速入门

1. 放大电路的仿真研究

(1)电路组成。

单管放大电路的仿真实验电路如图 1-3-1 所示。

所用元器件有：

TRANSISTOR(晶体管)Q_1：NPN 型。

RESISTOR(电阻)：R_s、R_{b1}、R_{b2}、R_c、R_e、R_L。

POTENTIOMETER(电位器)：R_v(仿真前手动改变，取值在 0～2 kΩ 范围)。

CAPACIROR(电解电容)：C_1、C_2、C_3。

POWER_SOUCES(电源)：VCC(15 V)，GROUND，交流电源 V_1(峰值 20 mV，频率 1 kHz)。

设置仿真时长为 5 ms(. tran 5m)。

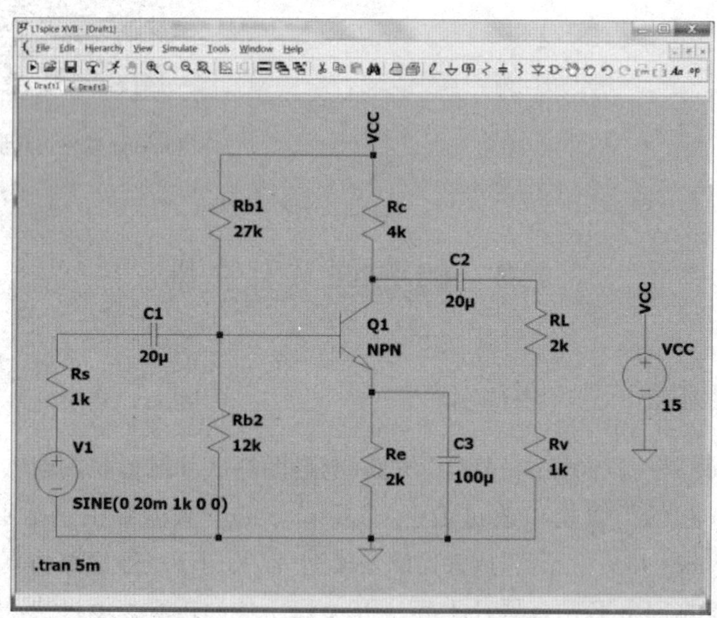

图 1-3-1 单管放大电路的仿真实验电路

(2)研究内容。

①单管共射极放大电路的分析。

a. 静态工作点的测试。断开信号源 V_1，点击运行，依次移动光标到 NPN 型晶体管的三个电极，右击并选择"Place . op Data Label"，如图 1-3-2(a)所示，或者将光标分别移动到各电极，光标显示为电笔的形状，各电极的电压值即可显示在窗口最下端的状态栏中，测得的各极电压值如图 1-3-2(b)所示。

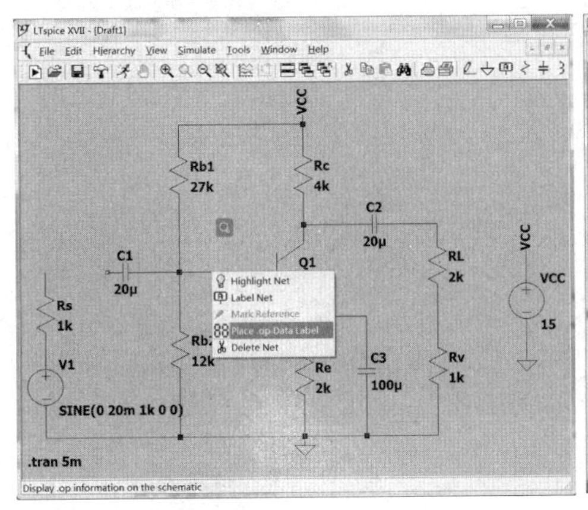

(a) 测试静态工作点电路图及方法

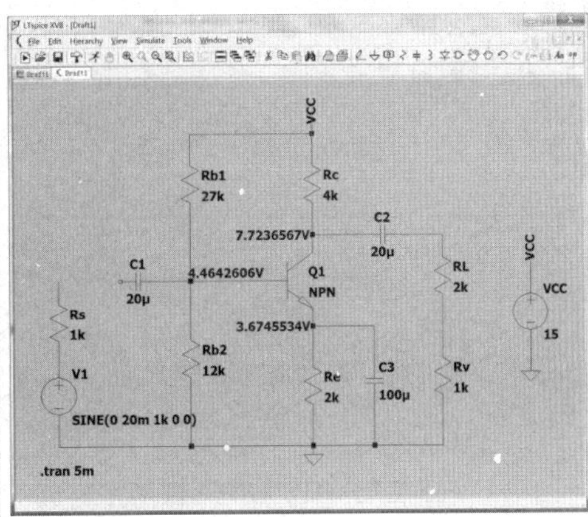

(b) 静态工作点测试值

图 1-3-2　静态工作点测试

将光标移动到原件上，光标即可显示为测流环，电流即可显示在底端的状态栏中，测得各极电流分别为：基极电流约为 18.2 μA，集电极电流约为 1.82 mA，射极电流约为－1.84 mA，负号表示电流从射极流出。

b. 信号放大作用的测试。接上信号源 V_1，点击运行 ，初始弹出的波形窗口为空白。将光标移动到需要测量的节点，显示为电笔，同时该节点的电压显示在底端状态栏中，单击鼠标左键，该节点的电压波形即可显示在波形窗口中，图 1-3-3 中(a)所示的为电源电压波形，(b)所示的为基极电压波形，(c)所示的为基极电压和集电极电压波形，(d)所示的为负载电压波形。若波形窗口中同时显示多个波形，可以双击某个节点，只显示该节点的电压波形。

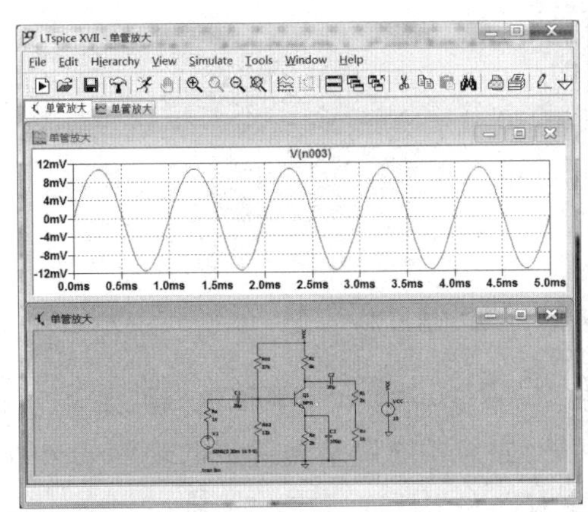

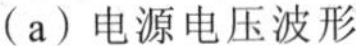
(a) 电源电压波形

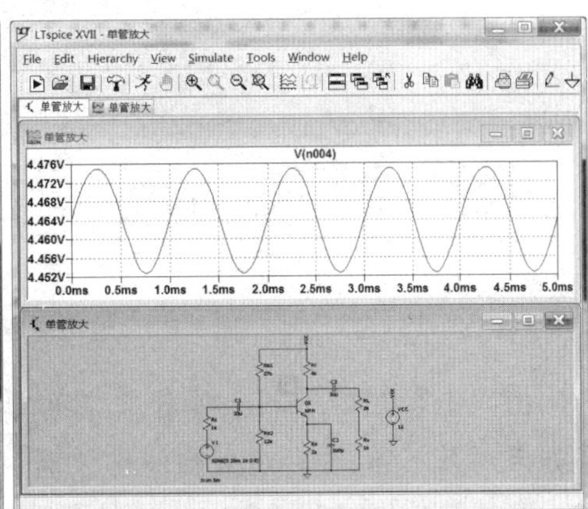

(b) 基极电压波形

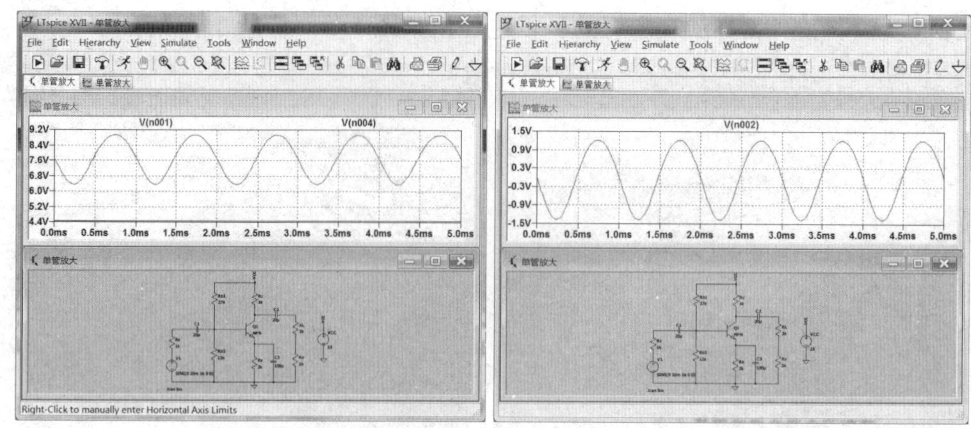

（c）基极和集电极电压波形　　　（d）负载电压波形

图1-3-3　各节点电压波形

按住“Alt”键，光标指到待测元件上并显示为测流环形状时，单击鼠标左键，波形窗口中就会出现该元件的电流波形，如图1-3-4所示显示输出电压波形的同时还显示集电极电流。

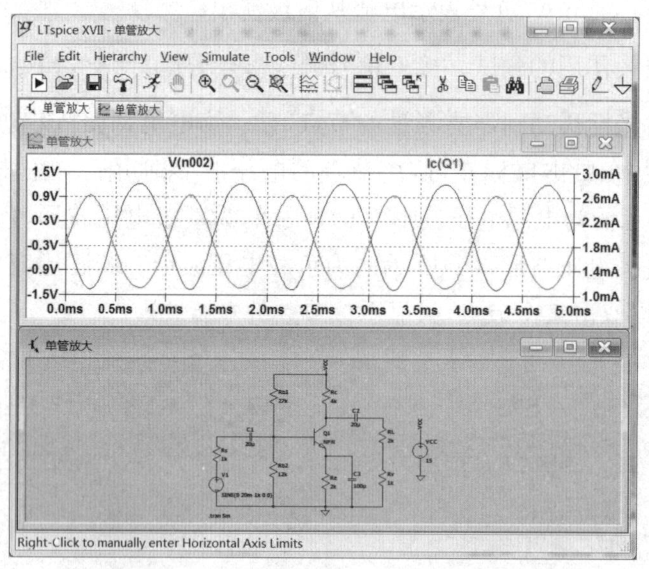

图1-3-4　输出电压和集电极电流波形

由以上可知，LTspice操作非常简单。尽管Multisim中虚拟仪器非常多，但是如果对其不熟，或者对采用何种仪器测量、如何才能调整到理想的观测效果等都不了解的话，使用Multisim软件是非常困难的。然而，LTspice则可以避免这些仿真阶段不必要的困惑。

②多级放大电路的分析。多级放大电路的仿真实验电路如图1-3-5所示。在图1-3-1的基础上，添加晶体管Q_2、电阻R_{b3}和R_{e2}、电解电容C_4，构成共射-共集两

级放大电路。添加直流电压表 U_5。

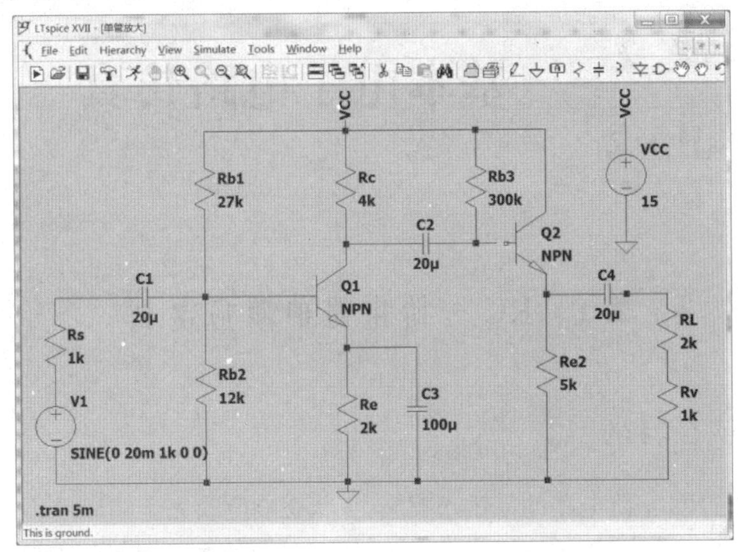

图 1-3-5　多级放大电路的仿真实验电路

a. 静态工作点的测试。

同单管共射极放大电路。

b. 信号放大作用的测试。

调整负载电位器 R_v 的值，观察信号输出电压变化。

③仿真结果分析。

共射放大电路的负载能力不强，当负载电阻值发生变化时，将引起输出电压的显著变化，并且输出电压随负载电阻值的减小而下降。

共集放大电路可以作为输出缓冲器使用，在共射放大电路和负载之间增加一级共集放大电路后，当负载电阻值发生变化时，输出电压的变化幅度很小。

C_2 具有隔离第一级和第二级放大电路直流通路的作用，添加第二级后，对第一级静态值没有影响。

LTspice 软件仿真步骤

模块 2 Module 2 基本电子电路仿真

2.1 RC 一阶电路的响应测试

2.1.1 项目目的

(1)测定 RC 一阶电路的零输入响应、零状态响应及完全响应。

(2)学习一阶电路时间常数的测量方法,了解电路参数对时间常数的影响。

(3)掌握运用 Multisim 软件对 RC 一阶电路进行仿真和分析的方法。

(4)学会用示波器观测波形。

2.1.2 预习要求

(1)阅读项目指导书,了解项目基本内容和步骤。

(2)提前利用 Multisim 软件对 RC 一阶电路进行仿真和分析。

(3)复习有关仪器的原理、指标、一阶电路时间常数的测量方法。

(4)预习报告中所列有关内容和待填表格数据,在操作项目前需交指导教师批阅。

2.1.3 项目设备及主要器件

序号	名称	数量
1	功率函数信号发生器	1
2	双踪示波器	1
3	电容、电阻	若干

2.1.4 项目内容及步骤

对于 R、C 组成的一阶电路,利用信号发生器输出的方波来模拟阶跃激励信号,即利用方波输出的上升沿作为零状态响应的正阶跃激励信号;利用方波的下降沿作为零输入响应的负阶跃激励信号。只要选择方波的重复周期远大于电路

的时间常数 τ，那么电路在这样的方波序列脉冲信号的激励下，可用示波器观测到稳定的波形。图 2-1-1(b)所示的 RC 一阶电路的零输入响应和零状态响应分别按指数规律衰减和增长，其变化的快慢决定于电路的时间常数 τ。用示波器测量零输入响应的波形如图 2-1-1(a)所示。

根据一阶微分方程的求解得知 $u_c=U_m e^{-t/RC}=U_m e^{-t/\tau}$。当 $t=\tau$ 时，$U_c(\tau)=0.368\,U_m$。此时所对应的时间就等于 τ。亦可用零状态响应波形增加到 $0.632\,U_m$ 所对应的时间测得，如图 2-1-1(c)所示。

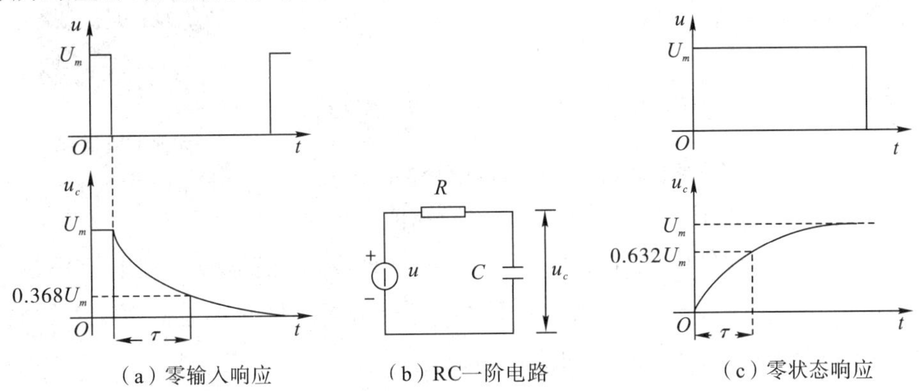

图 2-1-1　RC 一阶电路

1. 项目仿真内容

(1)测量小电容值 RC 一阶电路的时间常数 τ。

在 Multisim 软件中画如图 2-1-2 所示的原理图，将信号源的输出信号 U_i 设置为 $U_m=3$ V、$f=1$ kHz 的方波电压信号，运行仿真。打开示波器 XSC1 的监控界面，进行简单的调节就可以得到如图 2-1-3 所示的仿真结果。

改变电容值，使其等于 0.01 μF，再次观察示波器 XSC1 的监控界面，比较与之前观察的激励与响应的变化，并测算出 RC 一阶电路的时间常数 τ。

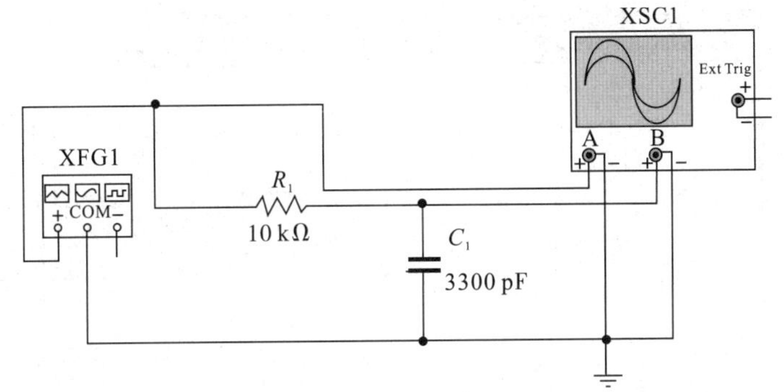

图 2-1-2　RC 一阶电路($R=10$ kΩ，$C=3300$ pF)

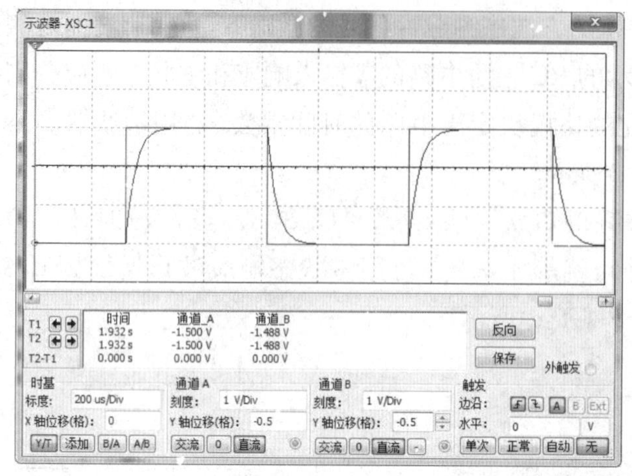

图 2-1-3　RC 一阶电路仿真结果(R=10 kΩ,C=3300 pF)

如何调整波形的上下位移？

(2)测量大电容值 RC 一阶电路的波形幅值。

在 Multisim 软件中画如图 2-1-4 所示的原理图，将信号源的输出信号 U_i 设置为 U_m=3 V、f=1 kHz 的方波电压信号，运行仿真。打开示波器 XSC1 的监控界面，可以得到如图 2-1-5 所示的仿真结果。

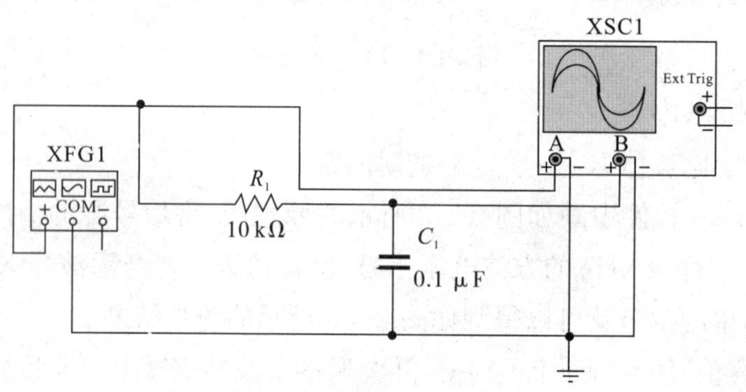

图 2-1-4　RC 一阶电路(R=10 kΩ,C=0.1 μF)

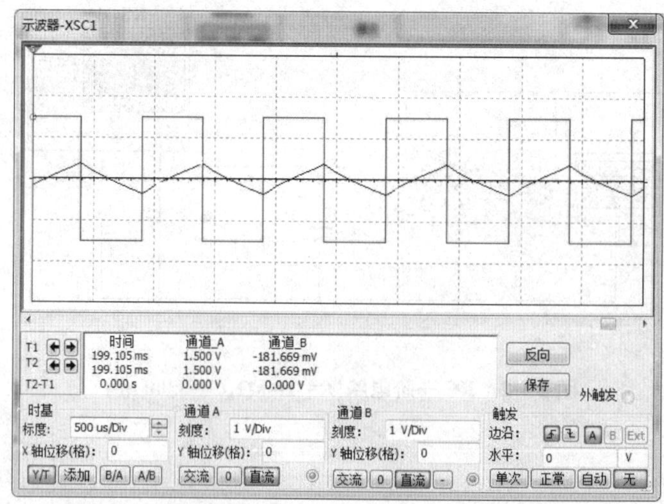

图 2-1-5　RC 一阶电路仿真结果(R=10 kΩ,C=0.1 μF)

2. 项目操作内容

(1)测量小电容值 RC 一阶电路的时间常数 τ。

按照图 2-1-1(b)搭接电路图,$R=10\ \text{k}\Omega$,$C=3300\ \text{pF}$,信号源的输出信号 U_i 设置为 $U_m=3\ \text{V}$、$f=1\ \text{kHz}$ 的方波电压信号,并通过两根同轴电缆线,将激励源 U_i 和响应 U_c 的信号分别连至示波器的两个通道。这时可在示波器的屏幕上观察到激励与响应的变化规律,测算出时间常数 τ,并用方格纸按 1∶1 的比例描绘波形。

改变电容值 $C=0.01\ \mu\text{F}$,在示波器上观察激励与响应的变化规律,并测算出改变后的 RC 一阶电路的时间常数 τ,并填入表 2-1-1 中。

表 2-1-1　示波器读数

R	C	X 格数	S/DIV	时间常数
10 kΩ	3300 pF			
10 kΩ	0.01 μF			

(2)测量大电容值 RC 一阶电路的波形幅值。

改变电容值 $C=0.1\ \mu\text{F}$,在示波器上观察激励与响应的变化规律,并测算出改变后的 RC 一阶电路的波形幅值,并将结果填入表 2-1-2 中。

表 2-1-2　示波器读数(R=10 kΩ,C=0.1 μF)

R	C	Y 格数	V/DIV	幅值
10 kΩ	0.1 μF			

2.1.5　注意事项

(1)在对信号源的参数进行设置时,应该将振幅设置成 1.5 V,这样方波的峰峰值才能是 3 V。

(2)画任意仿真原理图时,必须画地线。

2.1.6　项目报告要求

根据实验观测结果,在方格纸上绘出 RC 一阶电路充放电时 u_C 的变化曲线,由曲线测得 τ 值,并与参数值的计算结果作比较,分析误差原因。

2.2 晶体管放大器静态调测与增益测试

2.2.1 项目目的

(1)学习放大电路静态工作点的调测方法,分析静态工作点对放大器性能的影响。

(2)掌握运用 Multisim 软件对晶体管放大电路进行仿真和分析的方法。

(3)掌握放大器电压放大倍数的测试方法。

(4)掌握用示波器测量信号的幅度、周期、频率以及两个正弦信号相位差的基本方法。

2.2.2 预习要求

(1)阅读项目指导书,了解项目基本内容和步骤。

(2)提前利用 Multisim 软件对晶体管放大电路进行仿真和分析。

(3)复习有关仪器的原理、指标、调试及使用方法。

(4)能否用直流电压表直接测量晶体管的 U_{BE}?为什么项目中要采用先测 U_B、U_E,再间接算出 U_{BE} 的方法?

(5)预习报告中所列有关内容和待填表格数据,在操作项目前需交指导教师批阅。

2.2.3 项目设备及主要器件

序号	名称	数量
1	功率函数信号发生器	1
2	双踪示波器	1
3	交流毫伏表	1
4	数字万用表	1

2.2.4 项目内容及步骤

图 2-2-1 所示为静态工作点稳定的单管共射极放大器电路。它的偏置电路采用 R_{B1} 和 R_{B2} 组成的分压电路,并在发射极接有电阻 R_E,用以稳定放大器的静态工作点。当在放大器的输入端加入输入信号 u_i 后,在放大器的输出端便可得到一个与 u_i 相位相反,幅值被放大了的输出信号 u_o,从而实现电压放大的功能。

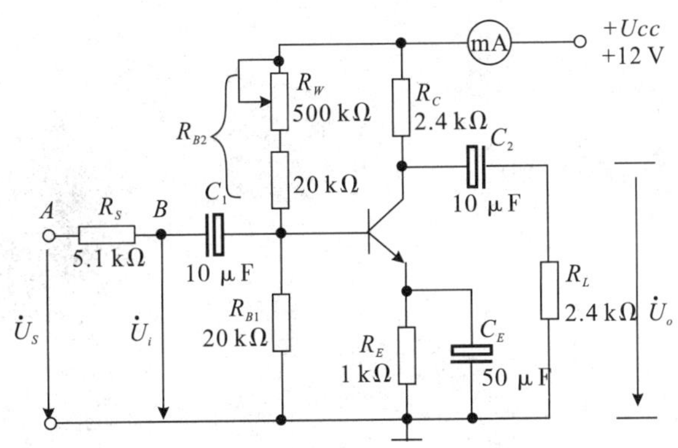

图 2-2-1　共射极单管放大器电路

1. 项目仿真内容。

(1)调试静态工作点。

在 Multisim 软件中画如图 2-2-2 所示的原理图，运行仿真。打开万用表 XMM1 的监控界面，选择直流电压挡对 E 点的电位进行测量。选中 R_W 的滑片，通过鼠标调节滑片位置，也可以用键盘的左右键精确调整滑片的位置，直至万用表 XMM1 的示数显示为 2 V，即 $U_E=2.0$ V。保持 R_W 的滑片位置不变，利用万用表依次测量 U_B、U_E、U_C 及 R_W 值。

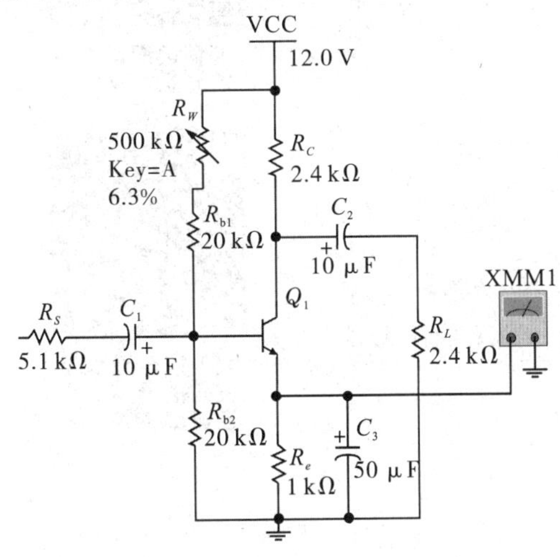

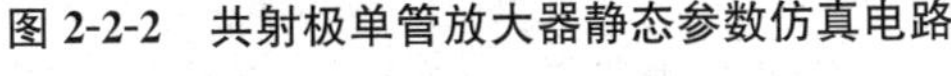

图 2-2-2　共射极单管放大器静态参数仿真电路

如何设置可变电阻的变化精度?

(2)测量电压放大倍数。

在 Multisim 软件中画如图 2-2-3 所示的原理图，设置函数发生器的参数，如图 2-2-4 所示，使其输出频率为 1 kHz，峰峰值为 300 mV 的正弦信号，运行仿真，双击示波器 XSC1 就能看到如图 2-2-5 所示的 u_i 和 u_o 的仿真波形。

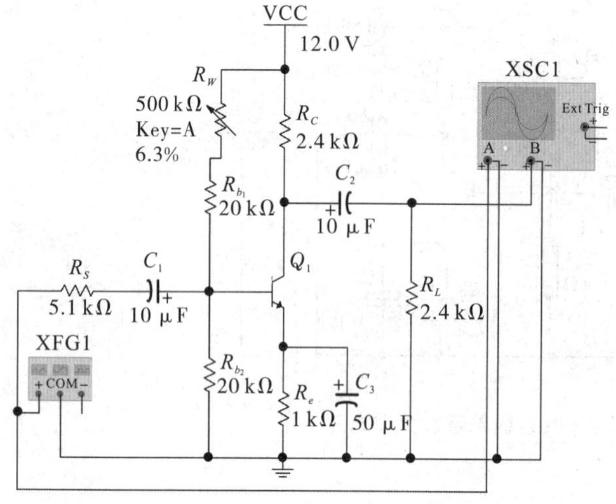

图 2-2-3　共射极单管放大器动态参数仿真电路

函数发生器-XFG1
波形
信号选项
频率：1 khz
占空比：50 %
振幅：150 mVp
偏置：0 V
设置上升/下降时间
+ 普通 -

图 2-2-4　函数发生器参数设置

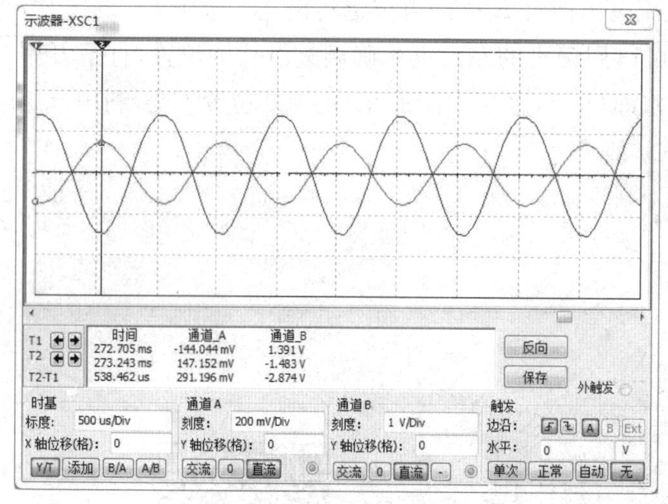

图 2-2-5　示波器仿真波形

如何读取示波器的测量数据？

如何区分双踪示波器的通道 A 和通道 B 的波形？

2. 项目操作内容

（1）调试静态工作点。

接通直流电源前，先将 R_W 调至最大，函数信号发生器输出旋钮旋至零。接通＋12 V 电源、调节 R_W，使 $U_E=2.0$ V，用万用表测量 U_B、U_E、U_C 及 R_{B2} 的值，将数据记入表 2-2-1。

表 2-2-1　$U_E=2.0$ V

测量值				计算值		
U_B(V)	U_E(V)	U_C(V)	R_{B2}(kΩ)	U_{BE}(V)	U_{CE}(V)	I_C(mA)

(2)测量电压放大倍数。

在放大器输入端加入频率为 1 kHz 的正弦信号 u_i，调节函数信号发生器的输出旋钮使放大器输入电压 $U_{ipp}\approx 300$ mV，同时用示波器观察放大器输出电压 u_o 波形，在波形不失真的条件下用双踪示波器测量下述三种情况下的 U_{opp} 值，并观察 u_i 和 u_o 的相位关系，记入表 2-2-2 中。

表 2-2-2　U_E=2.0 V　U_i=____ mV

R_C(kΩ)	R_L(kΩ)	U_{opp}(V)	A_V	观察记录一组 u_o 和 u_i 波形
2.4	∞			u_i O t　u_o O t
1.2	∞			
2.4	2.4			

2.2.5　注意事项

(1)在晶体管放大电路静态参数仿真的过程中，用万用表在测量电压时，功能按钮应该选“V”和“—”，用万用表测电阻时应该断电、断线测量，且功能按钮应该选“Ω”。

(2)在晶体管放大电路动态参数仿真的过程中，如果按照图 2-2-3 所示，将函数信号发生器的+、COM 端与被测电路相连，函数信号发生器的振幅应设置为 150 mV。若将函数信号发生器的+、−端与被测电路相连，函数信号发生器的振幅应设置为 75 mV。

2.2.6　项目报告要求

(1)认真记录和整理测试数据，按要求填入表格并画出波形图。

(2)讨论静态工作点的测试方法。

(3)讨论测试电压放大倍数的方法。

2.3　差动放大器的研究与测试

2.3.1　项目目的

(1)加深对差动放大器性能及特点的理解。

(2)掌握运用 Multisim 软件对差动放大器进行仿真和分析的方法。

(3)掌握差动放大器静态工作点的测试。

(4)掌握差模放大倍数和共模抑制比的测试。

2.3.2 预习要求

(1)阅读项目指导书,了解项目基本内容和步骤。

(2)复习差动放大器的结构。

(3)提前利用 Multisim 软件对差动放大电路进行仿真和分析。

(4)R_E 是公共射极电阻,了解其对共模信号起到什么作用。

(5)预习报告中所列有关内容和待填表格数据,在操作项目前需交指导教师批阅。

2.2.3 项目设备及主要器件

序号	名称	数量
1	功率函数信号发生器	1
2	双踪示波器	1
3	交流毫伏表	1
4	数字万用表	1

2.2.4 项目内容及步骤

差动放大器是用来克服直流放大器零点漂移现象最常用的一种电路。如图2-3-1所示是差动放大器的基本结构。它由两个基本共射电路组成,电路各元件力求对称,但实际上总有差别。图中 R_P 是用来调节两个三极管的静态工作点,补偿差别的。一经补偿,则使得输入信号 $U_i=0$ 时,输出电压 $U_o=0$。R_P 的接入具

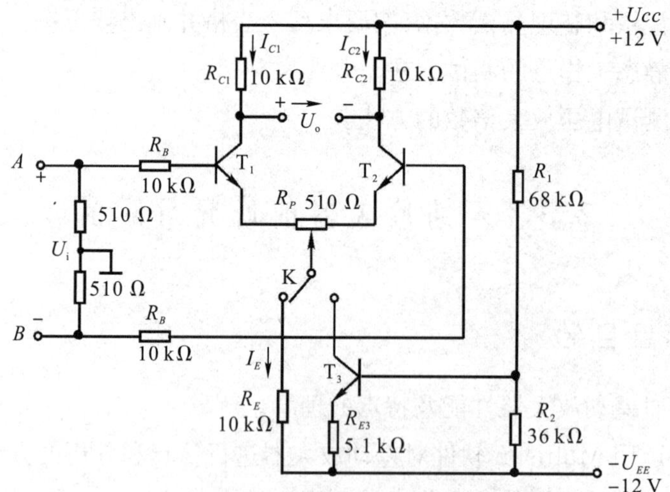

图 2-3-1 差动放大器基本结构

有负反馈作用，使放大倍数下降，所以不宜过大。R_E 是公共射极电阻，它对差模信号无反馈作用，因而不影响差模电压放大倍数，但对共模信号有较强的负反馈作用，故而可以有效地抑制零漂和共模干扰。

1. 项目仿真内容

(1)典型差动放大器性能测试。

①测量静态工作点。

按图 2-3-2 绘制原理图，开关 K 拨向左边构成典型差动放大器，运行仿真，选中 R_P 的滑片，通过鼠标调节滑片位置，也可以用键盘的左右键精确调整滑片的位置，直至万用表 XMM1 的示数显示为 0 V，即 $U_o=0$ V。调节要仔细，力求准确。

零点调好以后，保持 R_P 的滑片位置不变，利用万用表的直流电压挡依次测量 T_1、T_2 管各电极电位及射极电阻 R_E 两端电压 U_{RE}。

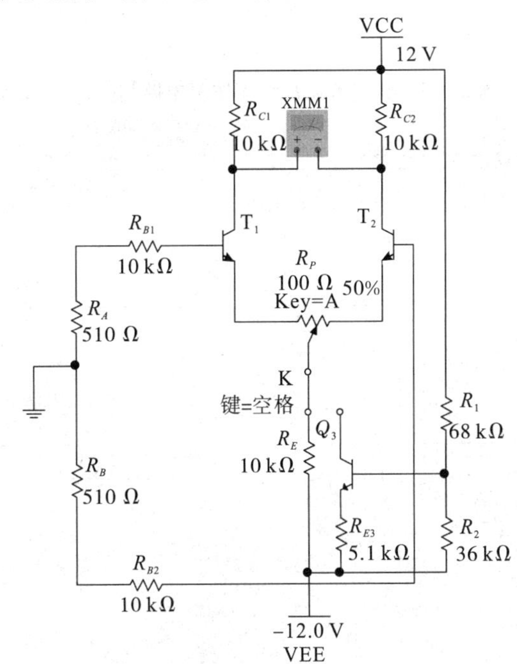

图 2-3-2　差动放大器调零仿真电路

②测量差模电压放大倍数。

按图 2-3-3 绘制原理图，设置函数信号发生器的参数，使 A 端、B 端的输入信号为频率 $f=1$ kHz，$U_{ipp}=100$ mV 极性相反的正弦信号，构成差模输入方式，用示波器监视输出端(集电极 C_1 或 C_2 与地之间)，仿真结果如图 2-3-4 所示。

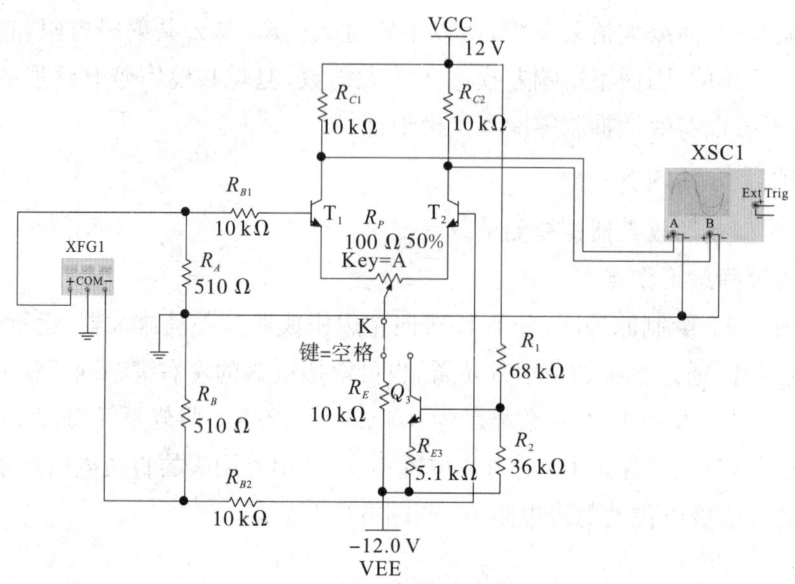

图 2-3-3　典型差动放大器仿真电路(差模输入)

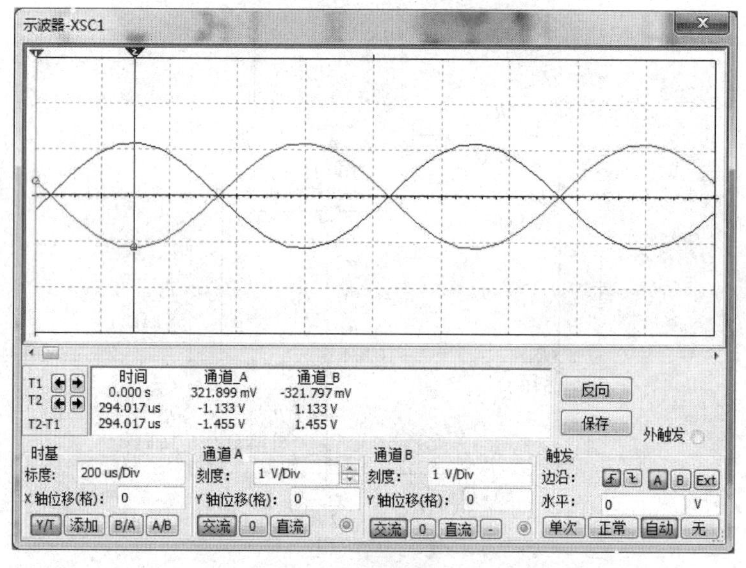

图 2-3-4　典型差动放大器仿真结果(差模输入)

③测量共模电压放大倍数。

按图 2-3-5 绘制原理图，设置函数信号发生器的参数，使 A 端、B 端的输入信号均为频率 $f=1$ kHz，$U_{ipp}=1$ V 的正弦信号，构成共模输入方式，在输出电压无失真的情况下，用示波器监视输出端(集电极 C_1 或 C_2 与地之间)，仿真结果如图 2-3-6 所示。

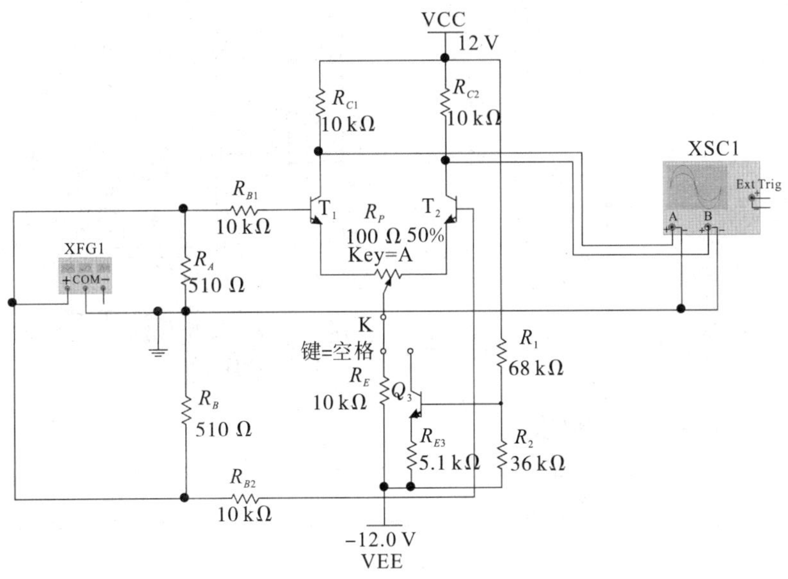

图 2-3-5　典型差动放大器仿真电路(共模输入)

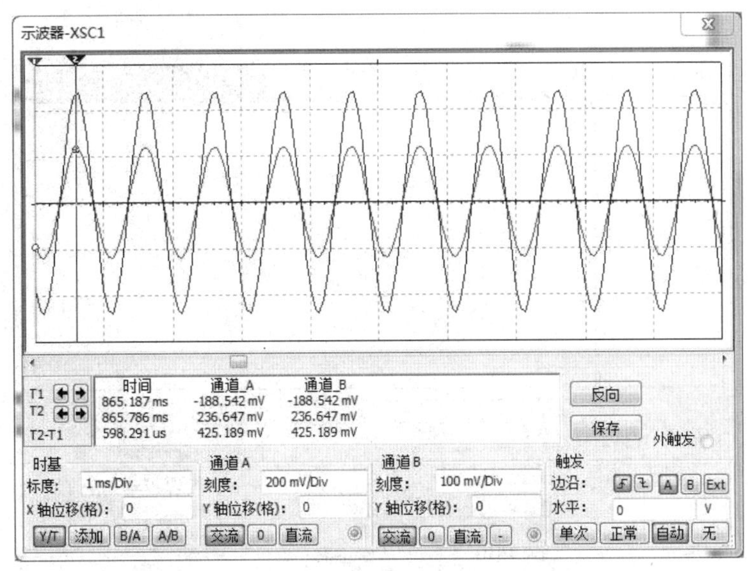

图 2-3-6　典型差动放大器仿真结果(共模输入)

(2)具有恒流源的差动放大器性能测试。

依次将图 2-3-3 和图 2-3-5 电路中开关 K 拨向右边,构成具有恒流源的差动放大器。重复上述仿真内容②、③的要求,则具有恒流源的差动放大电路原理图(差模输入)及仿真结果和具有恒流源的差动放大电路原理图(共模输入)及仿真结果分别如图 2-3-7 至图 2-3-10 所示。

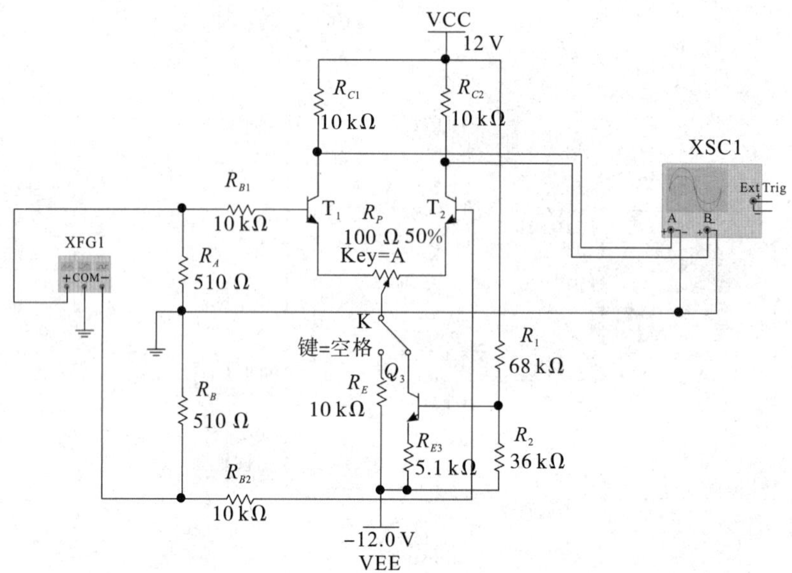

图 2-3-7　具有恒流源的差动放大器仿真电路(差模输入)

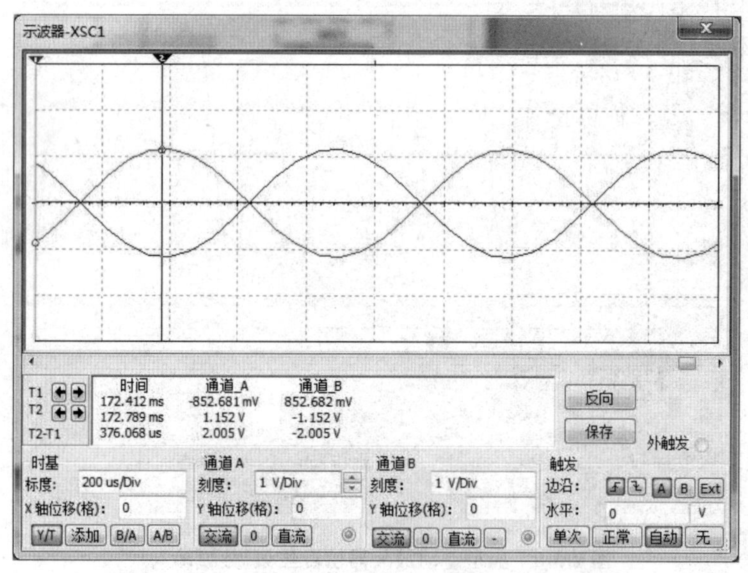

图 2-3-8　具有恒流源的差动放大器仿真结果(差模输入)

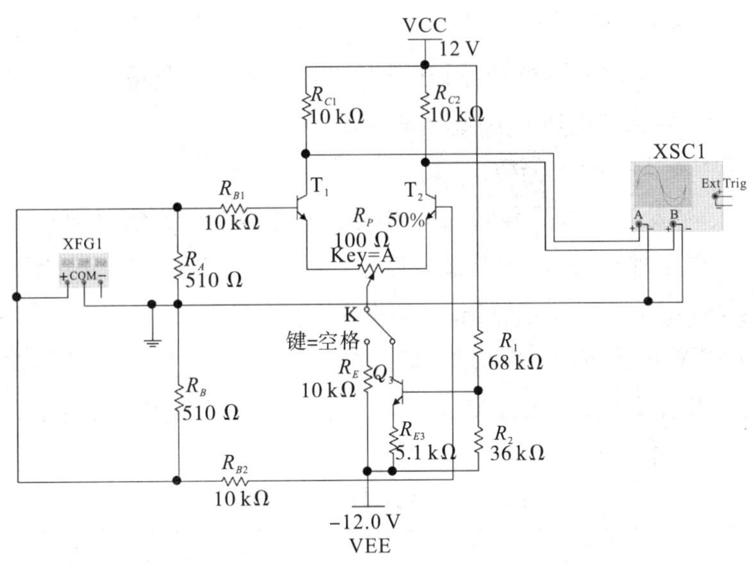

图 2-3-9　具有恒流源的差动放大器仿真电路(共模输入)

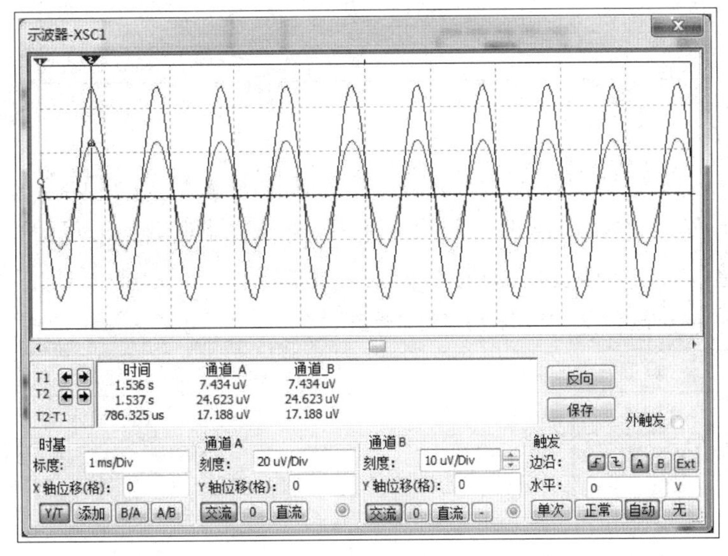

图 2-3-10　具有恒流源的差动放大器仿真结果(共模输入)

如何调节单刀双掷开关的通断状态?

2. 项目操作内容

(1)典型差动放大器性能测试。

按图 2-3-1 连接电路,开关 K 拨向左边构成典型差动放大器。

①测量静态工作点。

a. 调节放大器零点。

信号源不接入。将放大器输入端 A、B 与地短接,接通±12 V 直流电源,用直流电压表测量输出电压 U_o,调节调零电位器 R_P,使 $U_o=0$。调零的过程中要改变直流电压表的量程,即先为 20 V,再为 2 V,最后为 200 mV,以确保调零的精确性。

b. 测量静态工作点。

调零之后，电位器不要再动，用万用表的直流电压挡测量 T_1、T_2 管各电极电位及射极电阻 R_E 两端电压 U_{RE}，记入表 2-3-1 中。

② 测量差模电压放大倍数。

将函数信号发生器的信号输出端接放大器输入 A 端，信号地端接放大器输入 B 端，构成差分输入方式，调节输入信号为频率 $f=1$ kHz 的正弦信号，并将输出旋钮旋至零，用示波器监视输出端（集电极 C_1 或 C_2 与地之间）。

接通±12 V 直流电源，逐渐增大输入电压 U_{ipp}（约 100 mV），在输出波形无失真的情况下，用示波器观测 U_{C1}，U_{C2} 之间的相位关系及 U_{RE} 随 U_i 改变而变化的情况，记入表 2-3-2 中。

表 2-3-1　差动放大器静态参数

<table>
<tr><td rowspan="2">测量值</td><td>U_{C1}(V)</td><td>U_{B1}(V)</td><td>U_{E1}(V)</td><td>U_{C2}(V)</td><td>U_{B2}(V)</td><td>U_{E2}(V)</td><td>U_{RE}(V)</td></tr>
<tr><td></td><td></td><td></td><td></td><td></td><td></td><td></td></tr>
<tr><td rowspan="2">计算值</td><td colspan="2">I_C(mA)</td><td colspan="3">I_B(mA)</td><td colspan="2">U_{CE}(V)</td></tr>
<tr><td colspan="2"></td><td colspan="3"></td><td colspan="2"></td></tr>
</table>

③测量共模电压放大倍数。

将放大器 A、B 短接，信号源接 A 端与地之间，构成共模输入方式，调节输入信号 $f=1$ kHz，$U_{ipp}=1$ V，在输出电压无失真的情况下，用示波器观测 U_{C1}，U_{C2} 之间的相位关系及 U_{RE} 随 U_{ipp} 改变而变化的情况，记入表 2-3-2 中。

表 2-3-2　差动放大器动态参数

<table>
<tr><td rowspan="2"></td><td colspan="2">典型差动放大电路</td><td colspan="2">具有恒流源差动放大电路</td></tr>
<tr><td>差分输入</td><td>共模输入</td><td>差分输入</td><td>共模输入</td></tr>
<tr><td>U_{ipp}</td><td>100 mV</td><td>1 V</td><td>100 mV</td><td>1 V</td></tr>
<tr><td>U_{C1}(V)</td><td></td><td></td><td></td><td></td></tr>
<tr><td>U_{C2}(V)</td><td></td><td></td><td></td><td></td></tr>
<tr><td>$A_{d1}=\frac{U_{C1}}{U_i}$</td><td></td><td>/</td><td></td><td>/</td></tr>
<tr><td>$A_d=\frac{U_0}{U_i}$</td><td></td><td>/</td><td></td><td>/</td></tr>
<tr><td>$A_{C1}=\frac{U_{C1}}{U_i}$</td><td>/</td><td></td><td>/</td><td></td></tr>
<tr><td>$A_C=\frac{U_0}{U_i}$</td><td>/</td><td></td><td>/</td><td></td></tr>
<tr><td>$\text{CMRR}=\left|\frac{A_d}{A_C}\right|$</td><td colspan="2"></td><td colspan="2"></td></tr>
<tr><td>$\text{CMRR1}=\left|\frac{A_{d1}}{A_{C1}}\right|$</td><td colspan="2"></td><td colspan="2"></td></tr>
</table>

(2)具有恒流源的差动放大器性能测试。

将图 2-3-1 中开关 K 拨向右边,构成具有恒流源的差动放大电路。重复上述操作内容②、③的要求,记入表 2-3-2 中。

2.3.5　注意事项

在仿真原理图绘制的过程中,函数信号发生器的“+”、“−”、COM 端与被测电路相连的端口不能弄错。若单端输出,即 COM 端口接地,“+”、“−”两端输出信号的幅度(峰值)即是函数信号发生器幅值的设置值,但相位相反(即相差 π)。若由“+”和“−”两端输出(即“−”或“+”一端接地,另一端输出),则输出信号的幅度(峰值)是函数信号发生器幅值的设置值的 2 倍。

2.3.6　项目报告要求

(1)整理项目数据,列表比较如下①、②、③所指出的内容,并进行分析。

①静态工作点与差模电压放大倍数的实际测量值和理论计算值。

②典型差动放大电路双端输出时的 CMRR 实测值与理论值比较。

③典型差动放大电路单端输出时 CMRR1 的实测值与具有恒流源的差动放大器 CMRR1 的实测值比较。

(2)比较 u_i,u_{c1} 和 u_{c2} 之间的相位关系。

(3)根据项目结果,总结电阻 R_E 和恒流源的作用。

2.4　负反馈放大器的研究

2.4.1　项目目的

(1)学习两级阻容耦合放大电路静态工作点的调试方法。

(2)了解放大电路中引入负反馈的方法及对放大器主要性能指标的影响。

(3)掌握运用 Multisim 软件对负反馈放大电路进行仿真和分析的方法。

2.4.2　预习要求

(1)阅读项目指导书,了解项目基本内容和步骤。

(2)复习负反馈放大器的相关知识。

(3)提前利用 Multisim 软件对基本放大器和负反馈放大器进行仿真和分析。

(4)思考怎样把负反馈放大器改接成基本放大器,为什么要把 R_f 并接在输入和输出端。

(5)如输入信号存在失真,思考能否用负反馈来改善。

(6)预习报告中所列有关内容和待填表格数据,在操作项目前需交指导教师批阅。

2.4.3 项目设备及主要器件

序号	名称	数量
1	功率函数信号发生器	1
2	双踪示波器	1
3	交流毫伏表	1
4	数字万用表	1

2.4.4 项目内容及步骤

为改善放大器的性能,常常在放大器中加入反馈。反馈就是把放大器输出量(电压或电流)的一部分或全部通过一定的方式送回到输入回路的过程。反馈有交流反馈和直流反馈,交流负反馈用于改善放大器的动态性能,直流负反馈用于稳定工作点。根据输出端取样方式和输入端比较方式的不同,可以把负反馈放大器分为四种基本组态:电压串联负反馈、电流串联负反馈、电压并联负反馈和电流并联负反馈。图 2-4-1 为带有负反馈的两级阻容耦合放大电路,在电路中通过 C_f、R_f把输出电压 u_o引回到输入端,加在晶体管 T_1 的发射极上,在发射极电阻 R_{F1}上形成反馈电压 u_f。根据反馈的判断法可知,它属于电压串联负反馈。

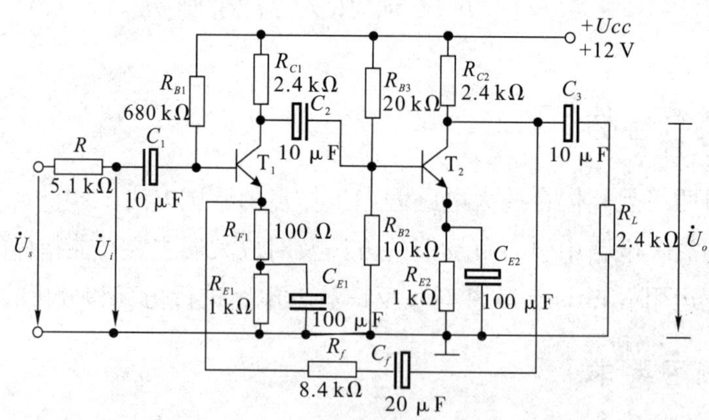

图 2-4-1 带有电压串联负反馈的两级阻容耦合放大电路

由于本项目需要测量基本放大器的动态参数,故要去除级间无反馈以得到基本放大器。在这里,不能简单地断开反馈支路,而是要去掉反馈作用,但又要把反馈网络的影响(负载效应)考虑到基本放大器中。为此:

(1)在画基本放大器的输入回路时,因为是电压负反馈,所以可将负反馈放大器的输出端交流短路，即令 $u_o=0$，此时 R_f 相当于并联在 R_{F1} 上。

(2)在画基本放大器的输出回路时，由于输入端是串联负反馈，因此需将反馈放大器的输入端(T_1 管的射极)开路，此时(R_f+R_{F1})相当于并接在输出端。可近似认为 R_f 并接在输出端。根据上述规律，可得到所要求的如图 2-4-2 所示的基本放大器。

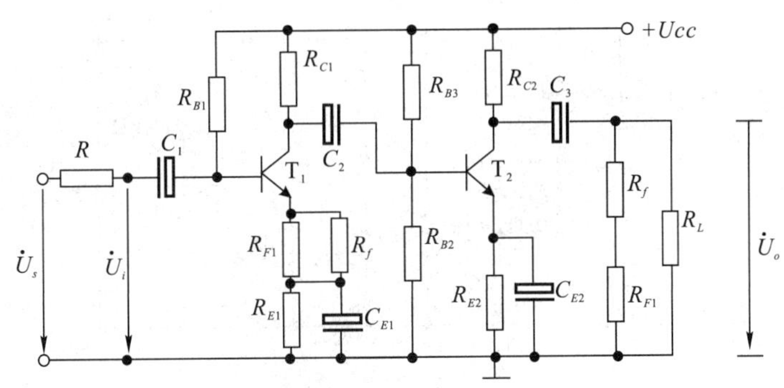

图 2-4-2　基本放大器

1. 项目仿真内容

(1)测量静态工作点。

在 Multisim 软件中，画如图 2-4-3 所示的原理图，运行仿真，利用万用表的直流电压挡依次测量第一级、第二级的静态工作点。

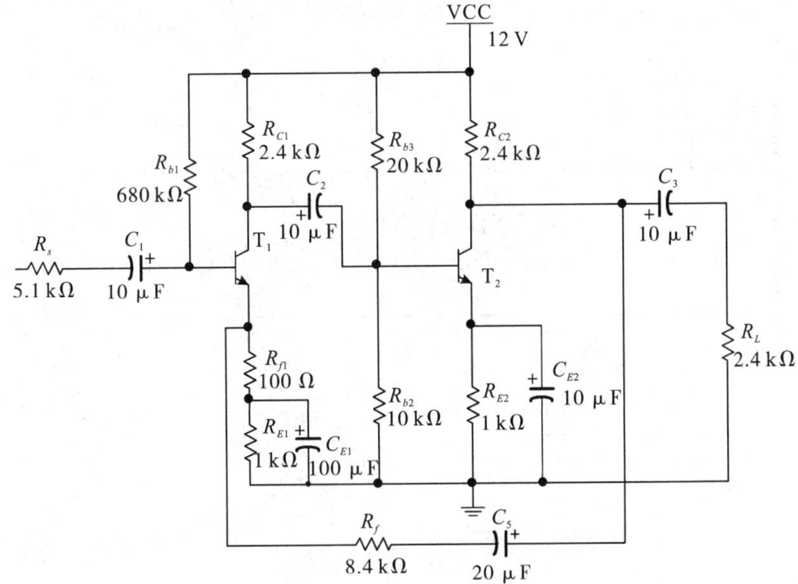

图 2-4-3　负反馈放大器静态参数仿真电路

(2)测试基本放大器的各项性能指标。

按图 2-4-4 绘制原理图，即把 R_f 断开后，分别并在 R_{f1} 和 R_L 上，其他连线不动。

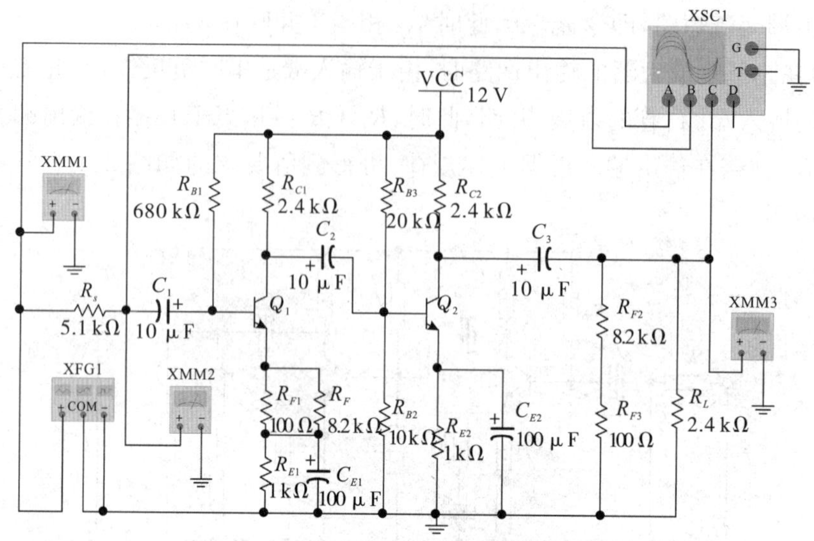

图 2-4-4　基本放大器动态参数仿真电路(带负载)

①将函数信号发生器参数设置为 $f=1$ kHz,$U_{spp}=5$ mV 的正弦信号,用四通道示波器监视 u_s、u_i、u_o 的波形,在 u_o 不失真的情况下,用万用表的交流挡分别测量 U_s、U_i、U_L,并计算出放大倍数 A_v 和输入电阻 R_i,仿真结果如图 2-4-5 和2-4-6 所示。

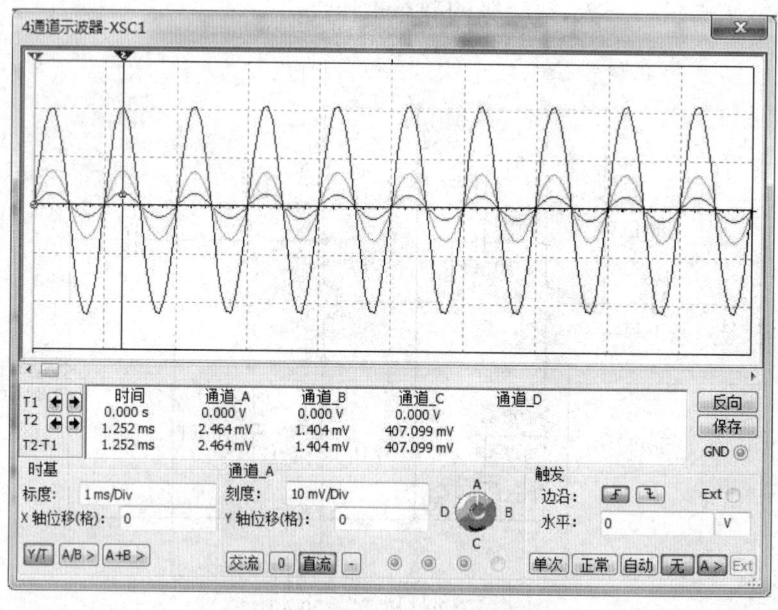

图 2-4-5　基本放大器仿真波形(带负载)

图 2-4-6　基本放大器 U_s、U_i、U_L 万用表示数

②保持 U_{spp} 不变，断开图 2-4-4 中的负载电阻 R_L，原理图如图 2-4-7 所示，用示波器监视输出波形，用万用表测量空载时的输出电压 U_o，并计算出输出电阻 R_o，仿真结果如图 2-4-8 和图 2-4-9 所示。

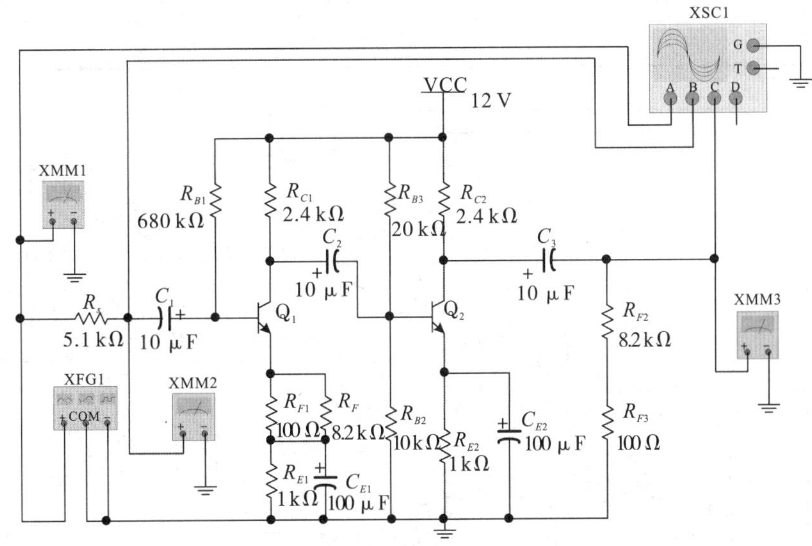

图 2-4-7　基本放大器动态参数仿真电路(空载)

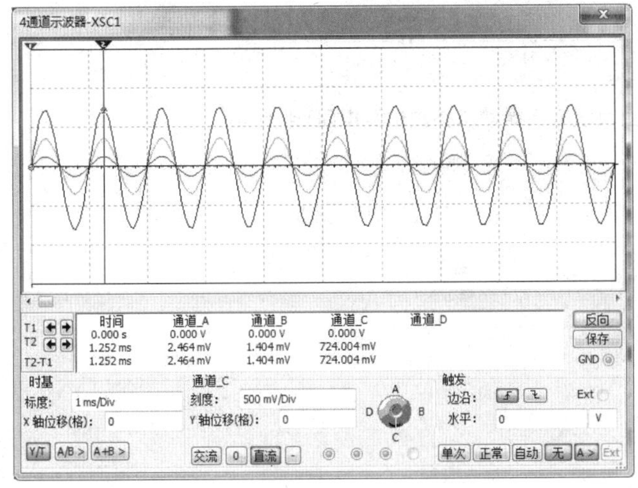

图 2-4-8　基本放大器仿真波形(空载)

图 2-4-9　基本放大器 U_o 万用表示数

(3)测试负反馈放大器的各项性能指标。

按图 2-4-10 和图 2-4-11 分别绘制负反馈放大器带负载和空载的原理图。将函数信号发生器的输出信号设置为频率 $f=1$ kHz,$U_{spp}=10$ mV 的正弦信号,同时利用示波器监视输出波形是否失真,在空载和带载时输出波形均不失真的条件下(若失真,则适当减少 U_{spp} 的值),用万用表测量负反馈放大器的 U_s、U_i、U_L 和 U_o,并计算出 A_{vf}、R_{if} 和 R_{of},记入表 2-4-1 中。仿真结果分别如图 2-4-12 至图 2-4-15所示。

表 2-4-1　负反馈放大器的各项性能指标仿真值

负反馈放大器	测量值				计算值		
	U_s(mV)	U_i(mV)	U_L(V)	U_o(V)	A_{vf}	R_{if}(kΩ)	R_{of}(kΩ)

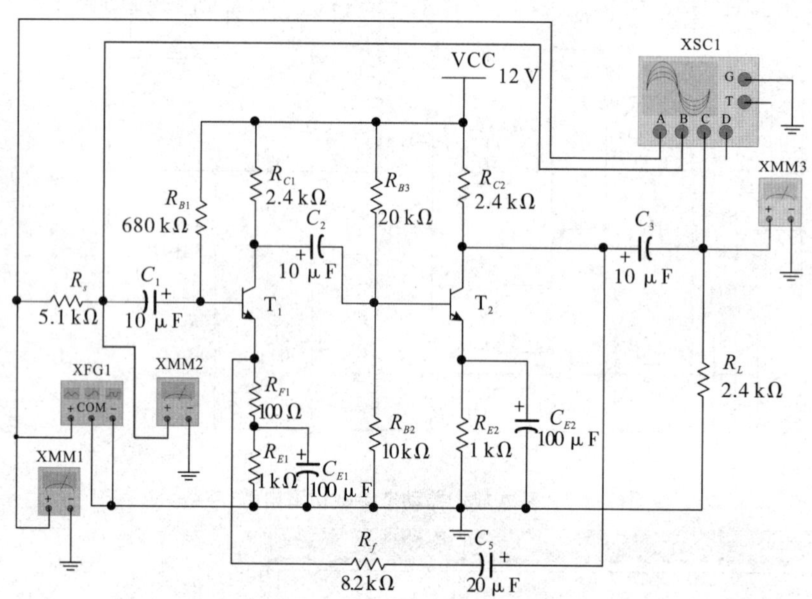

图 2-4-10　负反馈放大器动态参数仿真电路(带负载)

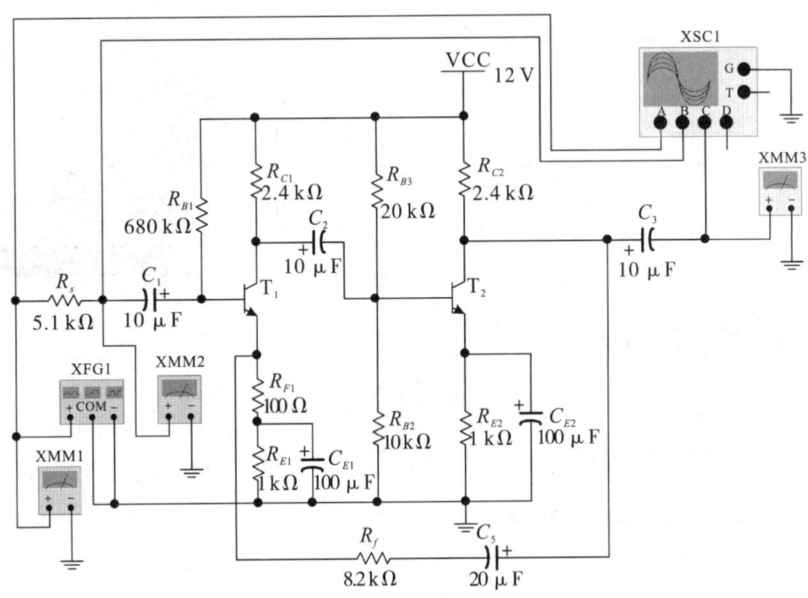

图 2-4-11　负反馈放大器动态参数仿真电路(空载)

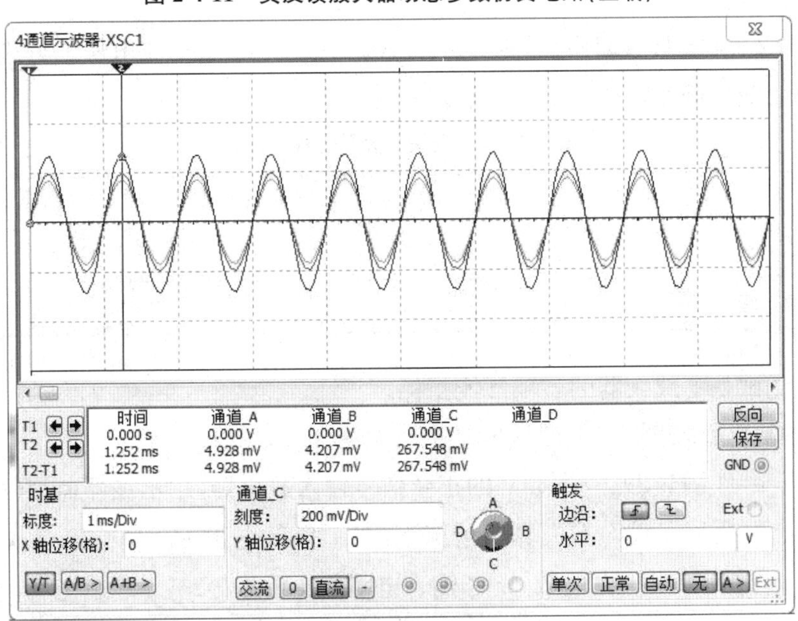

图 2-4-12　负反馈放大器仿真波形(带负载)

图 2-4-13　基本放大器 U_s、U_i、U_L 万用表示数

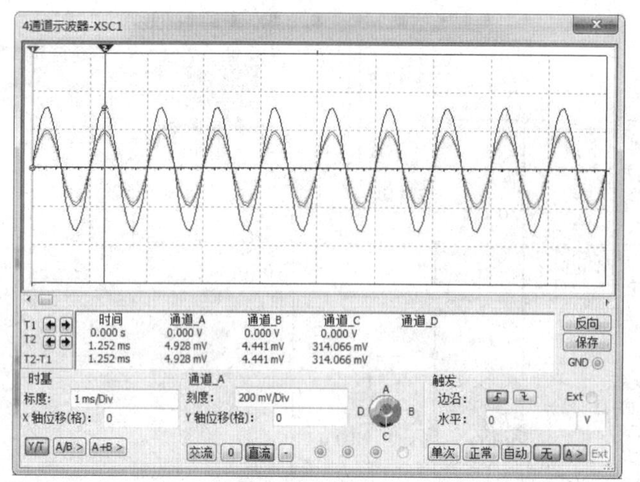

图 2-4-14　负反馈放大器仿真波形(空载)

图 2-4-15　基本放大器 U_o 万用表示数

2. 项目操作内容

(1)测量静态工作点。

按图 2-4-4 连接项目电路,取 $U_{CC}=+12$ V,$U_i=0$,用直流电压表分别测量第一级、第二级的静态工作点,记入表 2-4-2 中。

表 2-4-2　负反馈放大器的静态参数

	U_B(V)	U_E(V)	U_C(V)	I_C(mA)
第一级				
第二级				

(2)测试基本放大器的各项性能指标。

将项目电路按图 2-4-2 改接成基本放大器。

①以 $f=1$ kHz,$U_{spp}=5$ mV 的正弦信号输入放大器,用示波器监视输出波形 u_o,在输出空载和带载均不失真的情况下,接上负载电阻 R_L,用交流毫伏表测量 U_s、U_i、U_L,并计算出放大倍数 A_v 和输入电阻 R_i,记入表 2-4-3。

②保持 U_S 不变,断开负载电阻 R_L(注意:R_f 不要断开),测量空载时的输出电压 U_o,并计算出输出电阻 R_o,记入表 2-4-3。

表 2-4-3　基本放大器的各项性能指标

基本放大器	测量值				计算值		
	U_s(mV)	U_i(mV)	U_L(V)	U_o(V)	A_v	R_i(kΩ)	R_o(kΩ)

(3)测试负反馈放大器的各项性能指标。

将项目电路恢复为如图 2-4-1 所示的负反馈放大电路。适当加大 U_{spp}（约 10 mV），在输出波形不失真的条件下，测量负反馈放大器的 U_s、U_i、U_L 和 U_o，并计算出 A_{vf}、R_{if} 和 R_{of}，记入表 2-4-4 中。

表 2-4-4　负反馈放大器的各项性能指标

负反馈放大器	测量值				计算值		
	U_s(mV)	U_i(mV)	U_L(V)	U_o(V)	A_{vf}	R_{if}(kΩ)	R_{of}(kΩ)

2.4.5　注意事项

在静态参数测量的仿真过程中，万用表测量的静态工作点均为直流电压，故万用表的功能按钮应该选“V”和“—”；在动态参数的仿真过程中，万用表测量的基本放大器和负反馈放大器中 U_s、U_i、U_L 和 U_o 均为交流电压，故万用表的功能按钮应该选“V”和“～”。

2.4.6　项目报告要求

（1）将项目值与理论值进行比较，分析误差原因。

（2）根据项目内容总结负反馈对放大电路性能的影响。

2.5　RC 正弦波振荡电路

2.5.1　项目目的

（1）进一步掌握 RC 桥式振荡器及选频放大器的工作原理。

（2）掌握运用 Multisim 软件对 RC 正弦波振荡电路进行仿真和分析的方法。

（3）学习振荡电路的调试与测量方法。

2.5.2　预习要求

（1）阅读项目指导书，了解项目基本内容和步骤。

（2）提前利用 Multisim 软件对 RC 正弦波振荡电路进行仿真和分析。

（3）复习教材中 RC 桥式振荡器的工作原理，计算图 2-5-1 所示电路的振荡周期和频率。

（4）简述二极管稳幅环节的稳幅原理。

（5）思考运算放大器用作振荡电路时是否需要调零。

(6)预习报告中所列有关内容和待填表格数据，在操作项目前需交指导教师批阅。

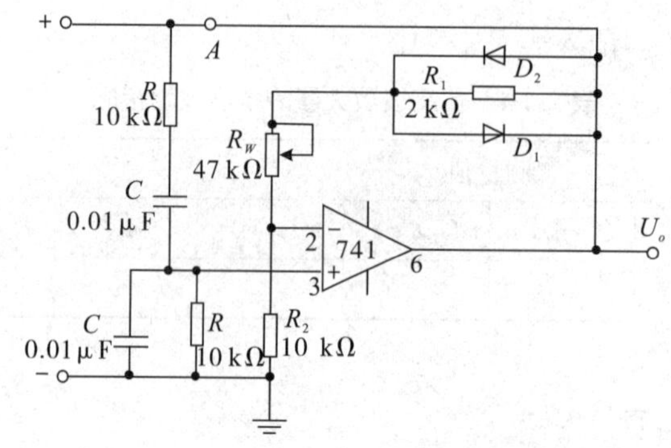

图 2-5-1　RC 正弦波振荡电路

2.5.3　项目设备及主要器件

序号	名称	数量
1	功率函数信号发生器	1
2	双踪示波器	1
3	交流毫伏表	1
4	数字万用表	1

2.5.4　项目内容及步骤

从结构上看，正弦波振荡器是没有外部输入信号的，选频网络若采用 R、C 元件组成的振荡器，就称为 RC 振荡器，一般用来产生小于 1 MHz 的低频正弦波信号。

1. 项目仿真内容

(1)基本 RC 桥式振荡电路。

按图 2-5-2 绘制原理图。调节 R_5 滑片位置的同时，用示波器观察振荡电路输出 U_o 波形的变化情况。记录最大不失真状态下输出电压 U_{opp} 和频率的值。仿真结果如图 2-5-3 和图 2-5-4 所示。

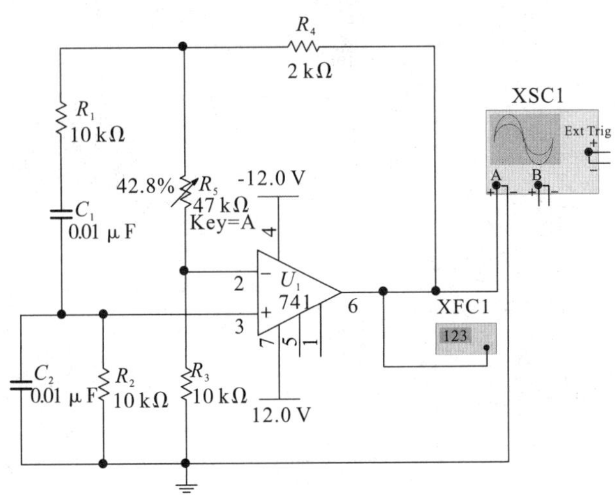

图 2-5-2　基本 RC 桥式振荡电路仿真电路

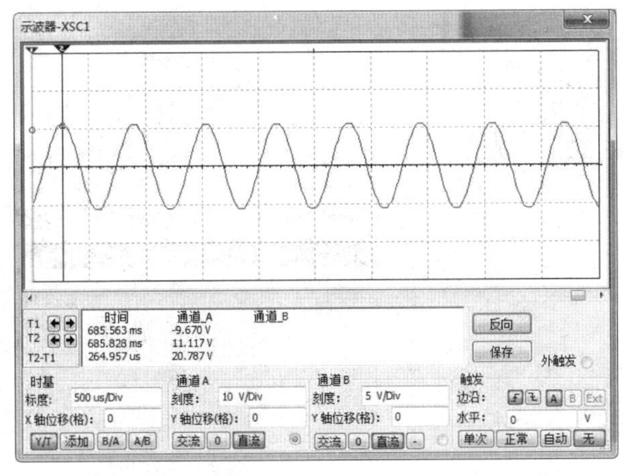

图 2-5-3　基本 RC 桥式振荡电路仿真波形

图 2-5-4　频率计示数

(2)有二极管稳幅环节的 RC 桥式振荡电路。

按图 2-5-5 绘制原理图。调节 R_5 滑片位置的同时，用示波器观察振荡电路输出 U_o 波形的变化情况，并与基本 RC 桥式振荡电路输出波形相比较是否有明显改善，记录最大不失真状态下输出电压 U_{opp} 和频率的值。仿真结果如图 2-5-6 和图 2-5-7 所示。

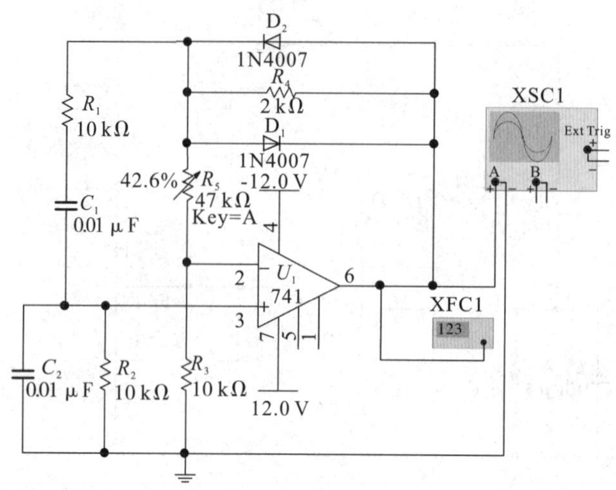

图 2-5-5　有二极管稳幅环节的 RC 桥式振荡电路仿真电路

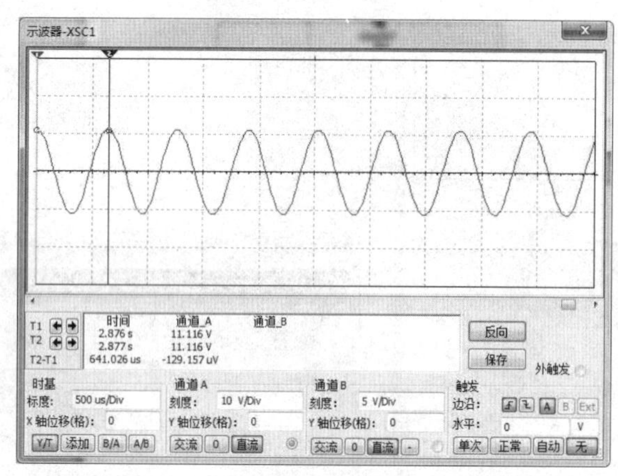

图 2-5-6　有二极管稳幅环节的 RC 桥式振荡电路仿真波形

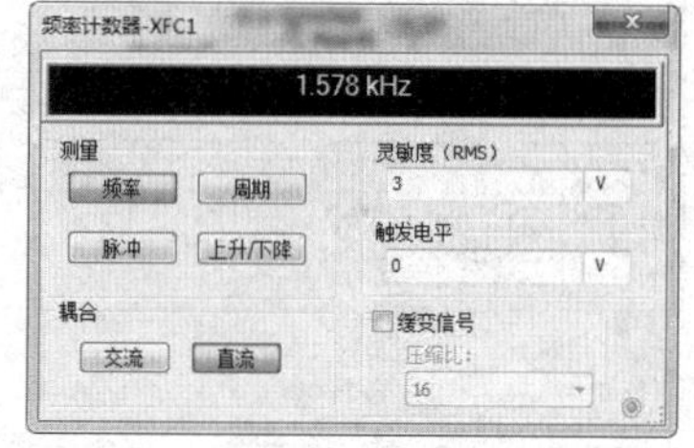

图 2-5-7　频率计示数

(3)测量开环幅频特性。

按图 2-5-8 绘制原理图。函数信号发生器输出信号的大小与本实验项目内容 1 的(2)中测量的 U_{opp} 值相等,改变输入信号的频率,分别测量相应的 U_o 值,仿真波形如图 2-5-9。

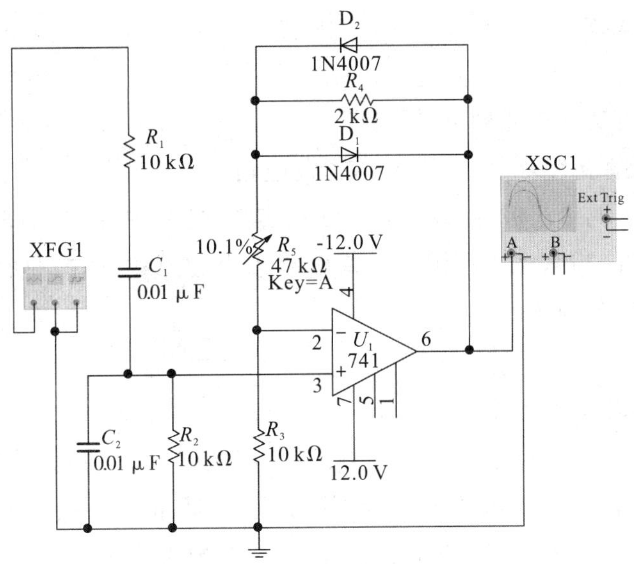

图 2-5-8　选频放大器原理图

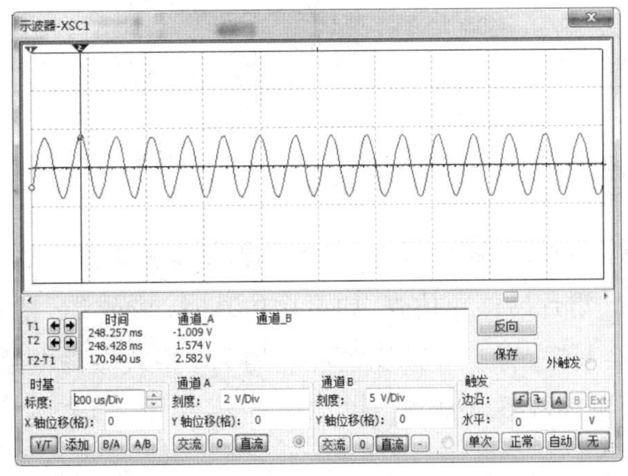

图 2-5-9　仿真波形

2. 项目操作内容

(1)基本 RC 桥式振荡电路。

①接线. 按图 2-5-1 电路接线,先不接入二极管 D_1、D_2。注意电位器 R_ω 的取值,建议预先调好再接入。

②用示波器观察振荡器输出波形。

用示波器观察振荡电路输出 U_o 的波形,同时调节 R_ω,观察输出 U_o 波形的变化情况,测量最大不失真输出电压 U_{opp} 值。

$U_{opp}=$__________。

③测量振荡频率。

用示波器或频率计实测输出信号的频率。

$T=$__________;$f=$__________。

注意测试方法并描述测试过程。

(2)有二极管稳幅环节的RC桥式振荡电路。

电路中接入两个二极管D_1、D_2，重复本实验项目1中的(2)、(3)项内容，并用示波器观察波形，与基本RC桥式振荡电路输出波形相比较，是否有明显改善。总结自动稳幅环节的作用。

$U_{oppmin}=$__________;$U_{oppmax}=$__________;$T=$__________;$f=$__________。

(3)测量开环幅频特性。

将图2-5-1中的正反馈网络在A点断开，使之成为选频放大器。输入信号U_i(U_i的大小与本实验项目内容2的第二个步骤中测量的U_{opp}值相等)大小不变，仅改变输入信号U_i的频率，分别测量相应的U_o值，填入表2-5-1中。

表2-5-1　开环幅频特性测量值

输入信号f_o	$f_o/5$	$f_o/2$	f_o	$2f_o$	$5f_o$
输出电压U_o(V)					

2.5.5　注意事项

(1)在调节R_w滑片前，需要将R_w的变化增量设置得小一点。

(2)调整好R_w滑片后停止仿真，如再次仿真时，基本RC桥式振荡电路需要等待一段时间才会起振，有二极管稳幅环节的RC桥式振荡电路需要调整滑片，使电路起振后，再精确调整至原值。

2.5.6　项目报告要求

(1)整理项目数据，使项目报告完整。

(2)作出带选频网络的放大器的开环幅频特性曲线。

(3)总结RC桥式振荡电路的振荡条件。

2.6　集成运算放大器的线性应用：基本运算电路

2.6.1　项目目的

(1)加深对基本运算电路结构及特点的理解。

(2)掌握运用Multisim软件对基本运算电路进行仿真和分析的方法。

(3)研究由集成运放组成的基本运算电路的功能。

(4)了解运算放大器在实际应用中应考虑的一些问题。

2.6.2　预习要求

(1)阅读项目指导书,了解项目基本内容和步骤。

(2)提前利用 Multisim 软件对基本运算电路进行仿真和分析。

(3)简述何谓“虚地”与“虚短”。

(4)预习报告中所列有关内容和待填表格数据,在操作项目前需交指导教师批阅。

2.6.3　项目设备及主要器件

序号	名称	数量
1	功率函数信号发生器	1
2	双踪示波器	1
3	交流毫伏表	1
4	数字万用表	1

2.6.4　项目内容及步骤

1. 项目仿真内容

(1)反相比例运算电路。

按图 2-6-1 绘制反相比例运算电路原理图,调节函数信号发生器,使其输出频率 f=200 Hz,U_{pp}=1 V 的正弦波信号,用示波器观测 U_o,U_i 的大小和相位关系,仿真结果如图 2-6-2 所示。

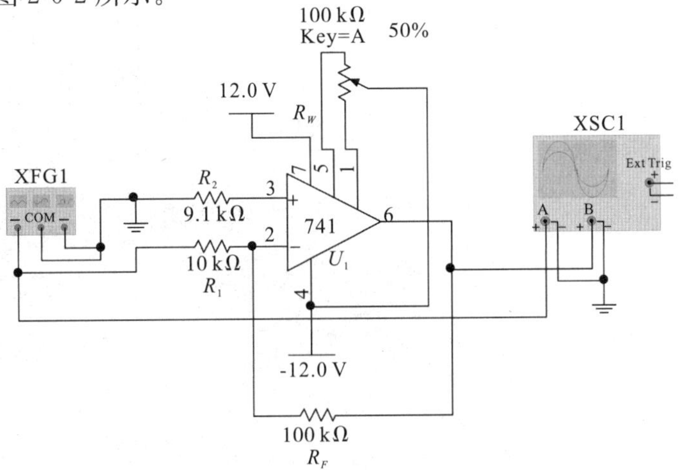

图 2-6-1　反相比例运算电路原理图

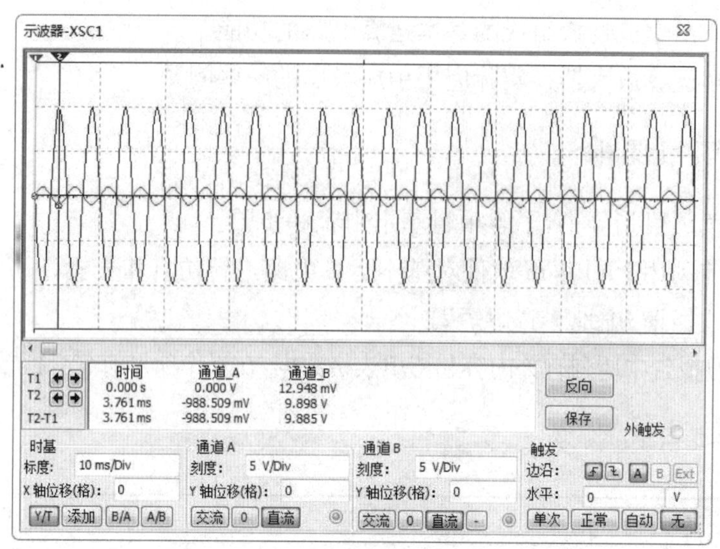

图 2-6-2 反相比例运算电路仿真波形

(2)同相比例运算电路。

按图 2-6-3 绘制同相比例运算电路原理图,调节函数信号发生器,使其输出频率 $f=200$ Hz,$U_{pp}=1$ V 的正弦波信号,用示波器观测 U_o,U_i 的大小和相位关系,仿真结果如图 2-6-4 所示。

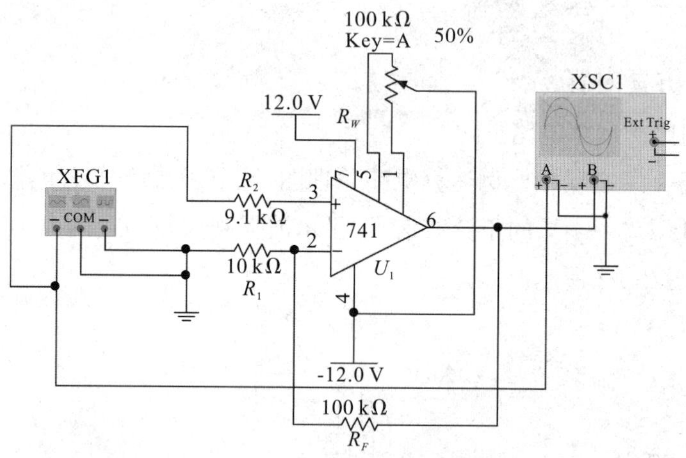

图 2-6-3 同相比例运算电路原理图

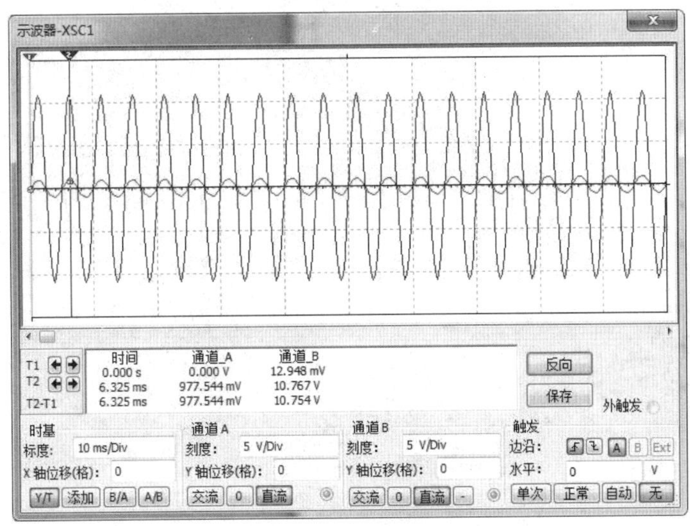

图 2-6-4　反相比例运算电路仿真波形

(3)电压跟随器。

按图 2-6-5 绘制电压跟随器电路原理图，调节函数信号发生器，使其输出频率 $f=200$ Hz，$U_{pp}=1$ V 的正弦波信号，用示波器观测 U_o，U_i 的大小和相位关系，仿真结果如图 2-6-6 所示。

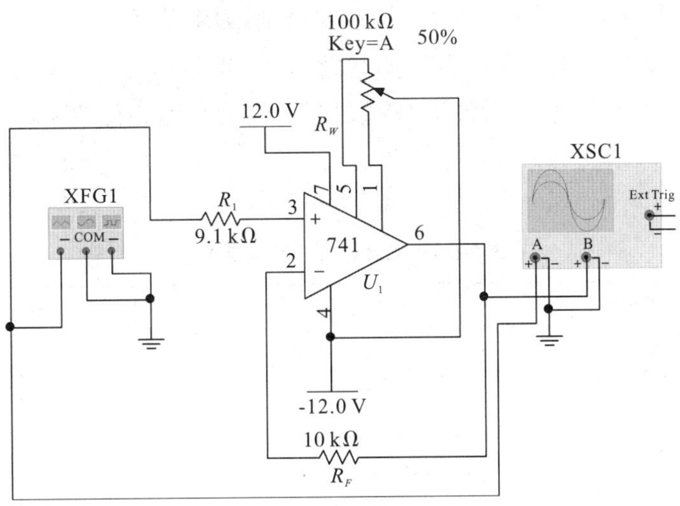

图 2-6-5　电压跟随器原理图

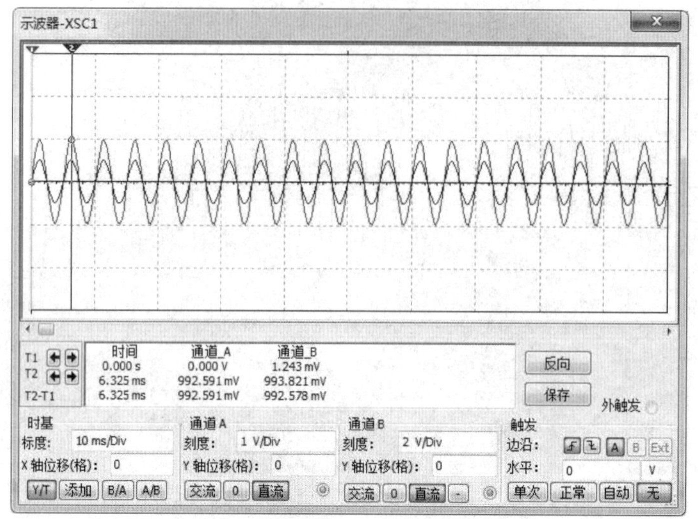

图 2-6-6 电压跟随器仿真波形

2. 项目操作内容

(1)反相比例运算电路。

①按图 2-6-7(1)连接项目电路,参考运放引脚图(如图 2-6-8 所示),接通 ±12 V电源,信号输入端 U_i 对地短路,接通电源,用直流电压表测量输出电压 U_o,调节调零电位器 R_w,使 $U_o=0$。调节要仔细,力求精确。

②调节函数信号发生器,使其输出频率 $f=200$ Hz,$U_{pp}=1$ V 的正弦波信号。

③将信号接入电路,用示波器观测 U_o,U_i 的大小和相位关系,并将数据填入表 2-6-1 中。

表 2-6-1 基本运算电路指标参数

参数 类 型	U_i(V)	U_o(V)	A_u		波形	
			实测	理论	U_i	U_o
反相比例						
同相比例						
跟随器						

(2)同相比例运算电路。

①按图 2-6-7(2)连接项目电路,接通电源,输入端对地短路,进行调零。

②调节函数信号发生器,使其输出频率 $f=200$ Hz,$U_{pp}=1$ V 的正弦波信号。

③将信号接入电路,用示波器观测 U_o,U_i 的大小和相位关系,并将数据填入表 2-6-1 中。

(3)电压跟随器。

①按图 2-6-7(3)连接项目电路，接通电源，输入端对地短路，进行调零。

②调节函数信号发生器，使其输出频率 $f=200$ Hz，$U_{pp}=1$ V 的正弦波信号。

③将信号接入电路，用示波器观测 U_o，U_i 的大小和相位关系，并将数据填入表 2-6-1 中。

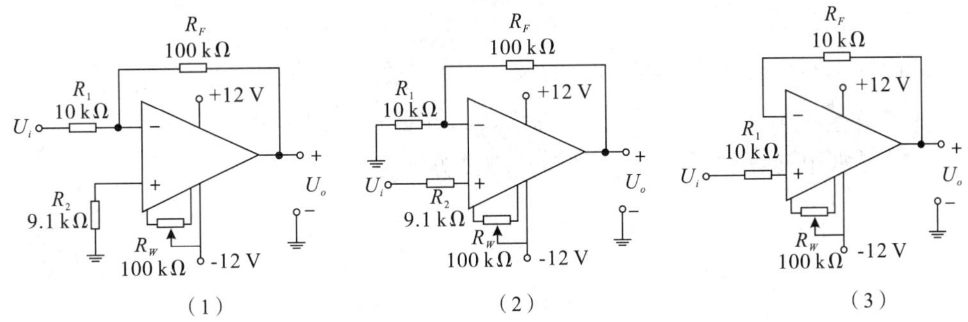

图 2-6-7　基本运算电路

2.6.5　注意事项

(1)在绘制或连接基本运算电路的原理图时，注意运放的引脚如图 2-6-8 所示，如 7 号引脚连接的是＋12 V，4 号引脚连接的是－12 V，2 号引脚是运放的反相输入端，3 号引脚是运放的同相输入端。

(2)基本运算电路原理图必须有明确的接地端。

2.6.6　项目报告要求

(1)总结本项目三种电路特点及性能。

(2)分析理论计算结果和项目结果存在误差的原因。

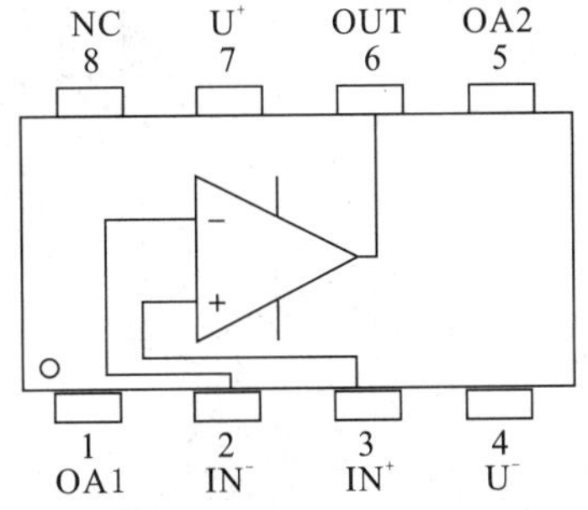

图 2-6-8　运放引脚图

2.7 集成运算放大器的非线性应用:电压比较器的研究

2.7.1 项目目的

(1)加深对电压比较器电路结构及特点的理解。

(2)掌握运用 Multisim 软件对电压比较器进行仿真和分析的方法。

(3)掌握电压比较器的工作原理及测试方法。

2.7.2 预习要求

(1)阅读项目指导书,了解项目基本内容和步骤。

(2)提前利用 Multisim 软件对电压比较器进行仿真和分析。

(3)分析图 2-7-1(1)的电路,弄清以下问题:

①比较器是否要调零?为什么?

②比较器两个输入端电阻是否要求对称?为什么?

(4)分析图 2-7-1(2),计算 U_{HT}、U_{LT}、U_T,试画出电压传输特性 U_o-U_i。

(5)分析图 2-7-1(3),计算 U_{HT}、U_{LT}、U_T,试画出电压传输特性 U_o-U_i。

(6)预习报告中所列有关内容和待填表格数据,在操作项目前需交指导教师批阅。

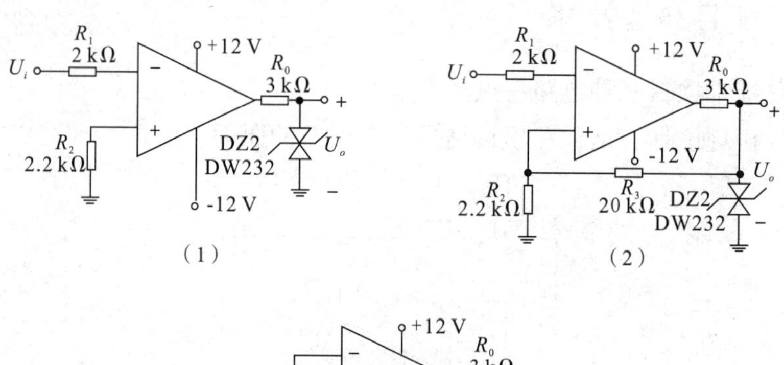

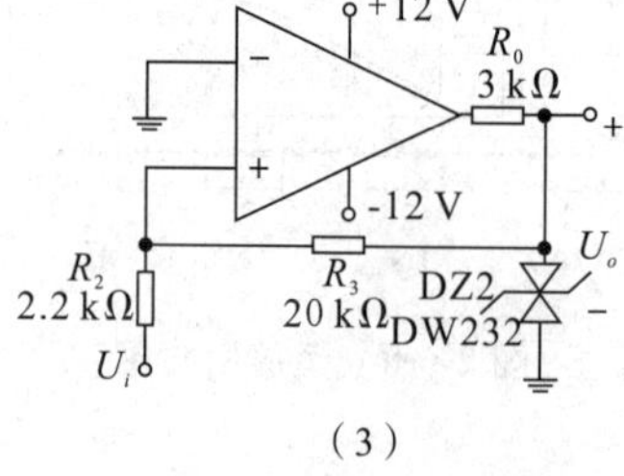

图 2-7-1 电压比较电路

2.7.3　项目设备及主要器件

序号	名称	数量
1	功率函数信号发生器	1
2	双踪示波器	1
3	交流毫伏表	1
4	数字万用表	1

2.7.4　项目内容及步骤

1. 项目仿真内容

(1)过零比较器。

①按图 2-7-2 绘制过零比较器原理图，用万用表测量 U_o 电压，仿真结果如图 2-7-3 所示。

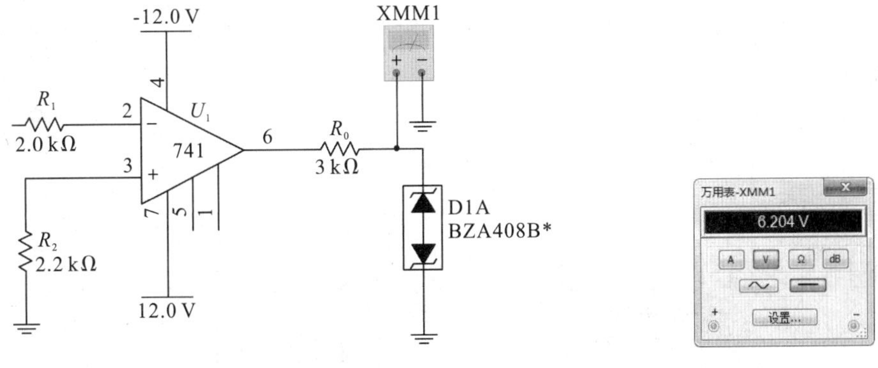

图 2-7-2　过零比较器原理图(U_i 悬空)　　图 2-7-3　万用表示数

②按图 2-7-4 绘制过零比较器原理图，调节函数信号发生器，使其输出 $f=500$ Hz，$U_{ipp}=2.8$ V 的正弦波，观察过零比较器输入与输出波形并记录。调节函数信号发生器改变 U_{ipp} 值，观察输出波形的变化。仿真结果如图 2-7-5 所示。

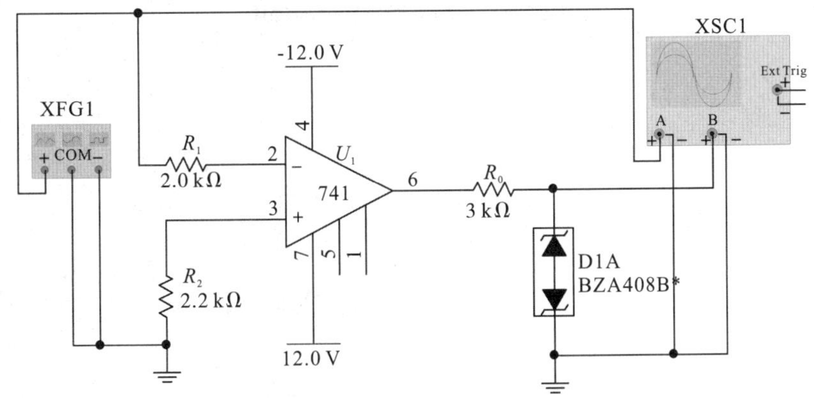

图 2-7-4　过零比较器原理图

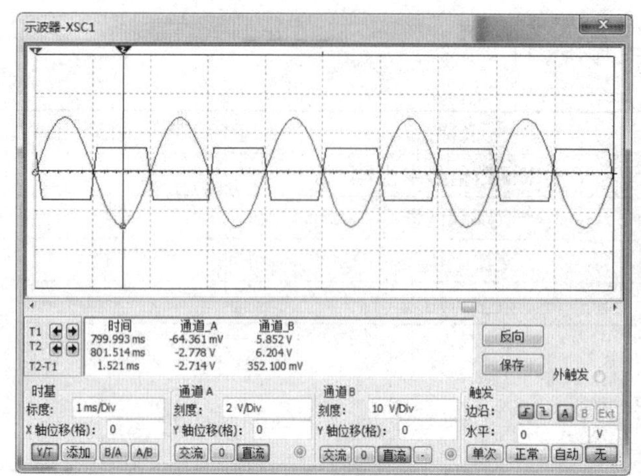

图 2-7-5　过零比较器仿真波形

如何改变稳压管的稳压值?

(2)反相滞回比较器。

①按图 2-7-6 绘制反相滞回比较器原理图,调节函数信号发生器,使其输出 f=500 Hz,U_{ipp}=2. 8 V 的正弦波,观察反相滞回比较器输入与输出波形并记录。仿真结果如图 2-7-7 所示。

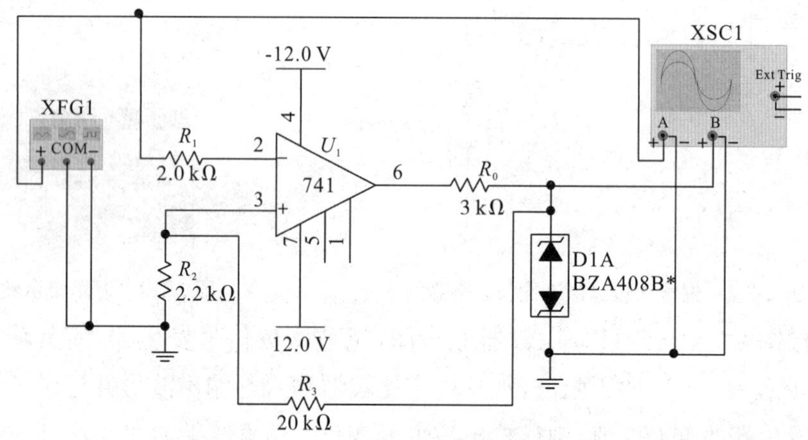

图 2-7-6　反相滞回比较器原理图

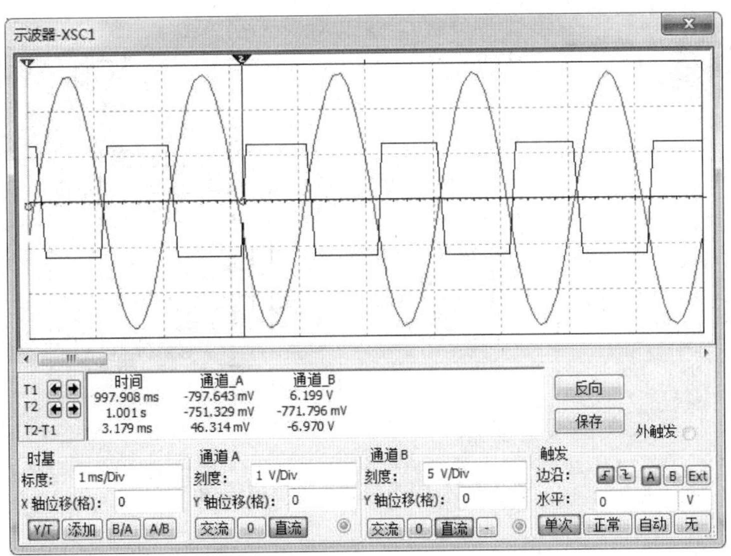

图 2-7-7　反相滞回比较器仿真波形

②将示波器调整至 B/A 工作方式，观察反相滞回比较器的传输特性，仿真结果如图 2-7-8 所示。

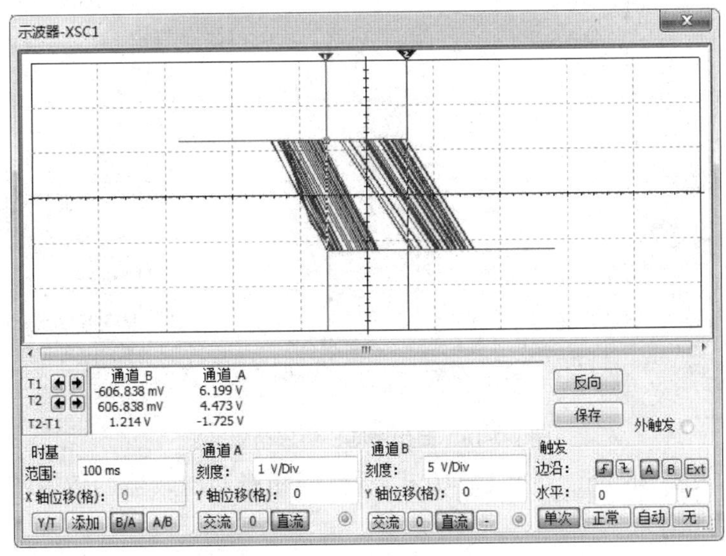

图 2-7-8　反相滞回比较器的传输特性

(3)同相滞回比较器。

①按图 2-7-9 绘制同相滞回比较器原理图，调节函数信号发生器，使其输出 $f=500$ Hz，$U_{ipp}=2.8$ V 的正弦波，观察同相滞回比较器输入与输出波形并记录。仿真结果如图 2-7-10 所示。

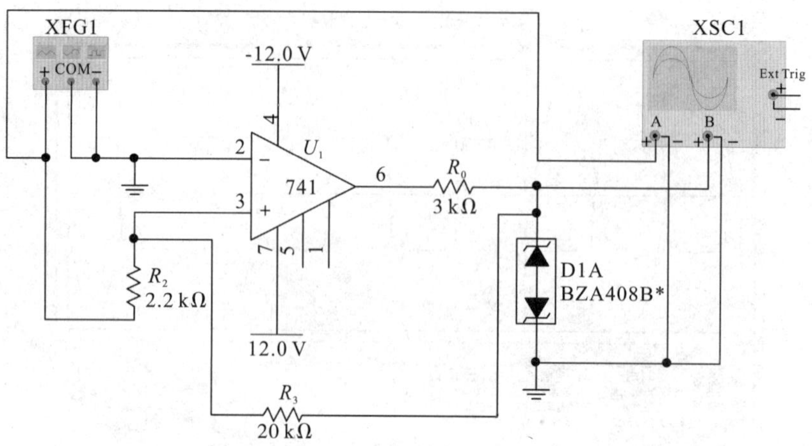

图 2-7-9　同相滞回比较器原理图

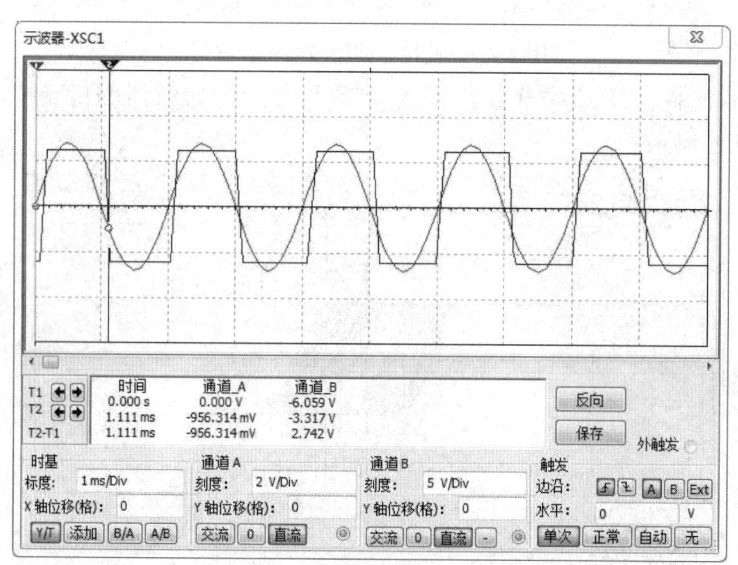

图 2-7-10　同相滞回比较器仿真波形

②将示波器调整至 B/A 工作方式，观察同相滞回比较器的传输特性，仿真结果如图 2-7-11 所示。

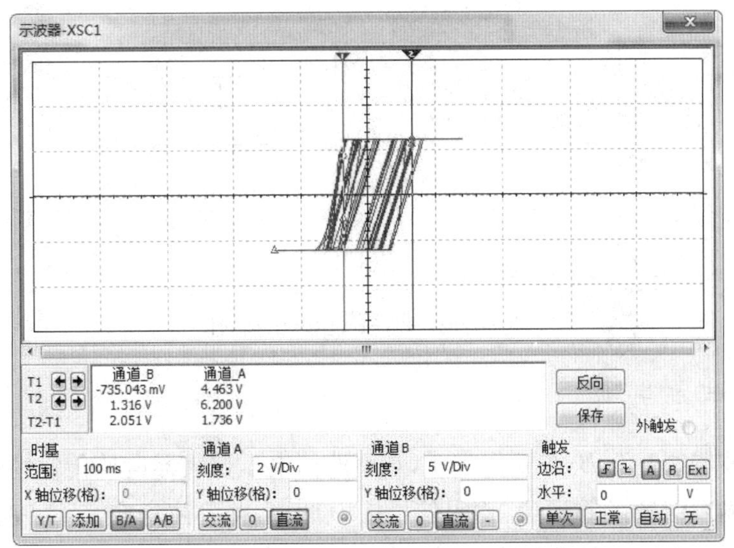

图 2-7-11　同相滞回比较器的传输特性

2. 项目操作内容

(1)过零比较器。

项目电路如图 2-7-1(1)所示，其中双向稳压管 2DW232 用于限幅，将输出幅度 U_o 限制在 $\pm U_z$。

①按图接线，U_i 悬空时测量 U_o 电压。

②输入信号 U_i 输入 $f=500$ Hz，幅值为 2.8 V 的正弦波，观察过零比较器输入与输出波形并记录。

③改变 U_i 幅值，观察 U_o 的变化。

(2)反相滞回比较器。

项目电路如图 2-7-1(2)所示。

①按图接线，U_i 输入 $f=500$ Hz，幅值为 2.8 V 的正弦波，观察反相滞回比较器输出波形并记录。

②保持输入信号不变，将示波器调整至 $X-Y$ 工作方式，输入信号 U_i 接 X 通道，输出信号 U_o 接 Y 通道，测试反相滞回比较器的电压传输特性，测其滞回电压值 $\Delta U_T(=U_{HT}-U_{LT})$，并记录。

* (3)同相滞回比较器。

项目电路如图 2-7-1(3)所示。

①参照反相滞回比较器，自拟试验步骤及方法。

②参考前面的电压比较器的传输特性，如图 2-7-12 所示，获得同相滞回比较器的传输特性，并将结果与反相滞回比较器相比较。

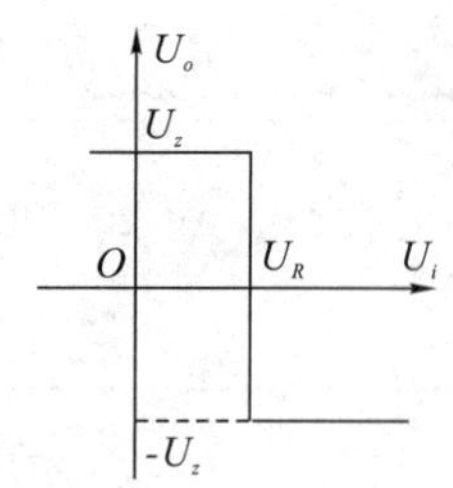

(1) 无滞回电压比较器传输特性

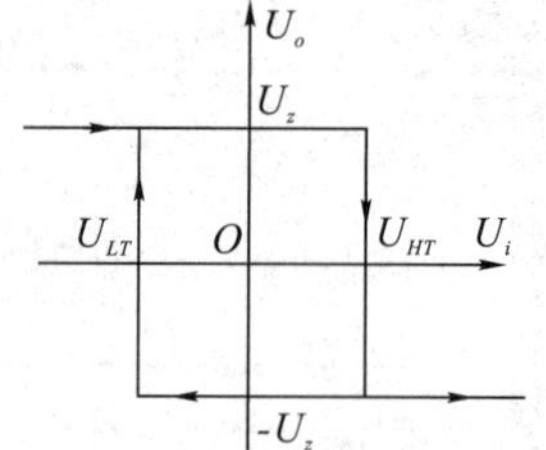

(2) 有滞回电压比较器传输特性

图 2-7-12　电压比较器传输特性

2.7.5　注意事项

将示波器调整至 B/A 工作方式，观察滞回电压比较器电压传输特性的时候，一定要将输入信号接 A 通道，输出信号接 B 通道，并且注意在实际实验操作时不可长时间让示波器停留于在此工作模式。

2.7.6　项目报告要求

(1)整理项目数据及波形图，并与预习内容相比较。

(2)总结几种比较器的特点。

2.8　波形发生电路

2.8.1　项目目的

(1)加深对波形发生器结构及特点的理解。

(2)掌握运用 Multisim 软件对波形发生器进行仿真和分析的方法。

(3)熟悉波形发生器的工作原理及测试设计方法。

2.8.2　预习要求

(1)阅读项目指导书，了解项目基本内容和步骤。

(2)提前利用 Multisim 软件对波形发生器进行仿真和分析。

(3)分析图 2-8-1 电路的工作原理，定性画出 U_c 和 U_o 波形。

(4)若图 2-8-1 电路中 $R=10\ \text{k}\Omega$，计算 U_o 的频率。

(5)图 2-8-2 电路如何使输出波形占空比变大？

(6)在图 2-8-3 电路中，如何改变输出频率？设计 2 种方案并画图表示。

(7)图 2-8-4 电路中如何连续改变振荡频率？画出电路图。

(8)预习报告中所列有关内容和待填表格数据，在操作项目前需交指导教师批阅。

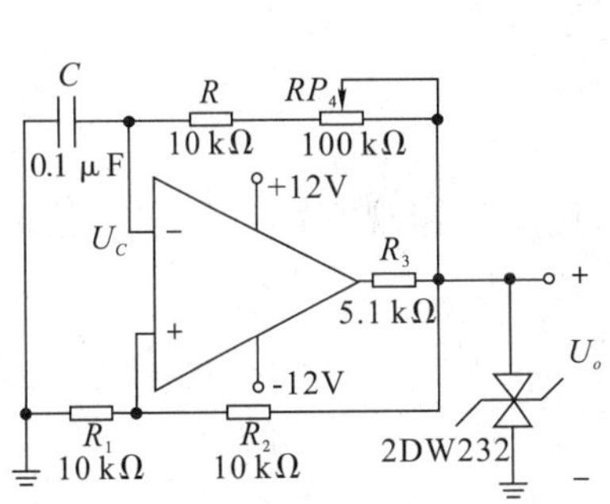

图 2-8-1　方波发生电路

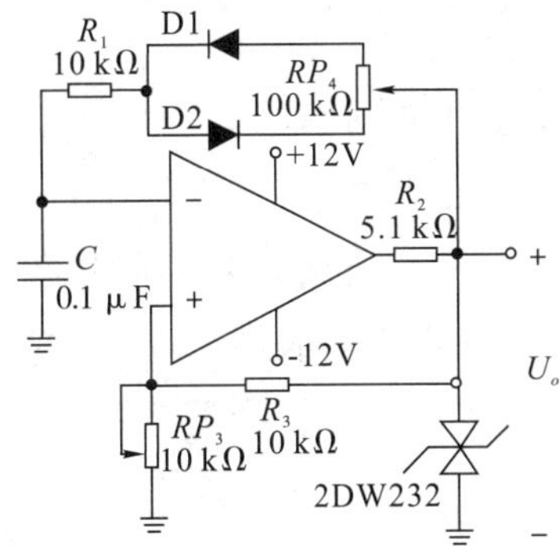

图 2-8-2　占空比可调矩形波发生器

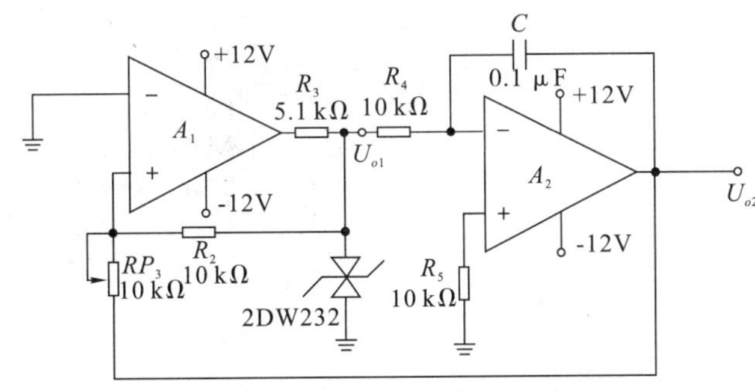

图 2-8-3　三角波发生电路

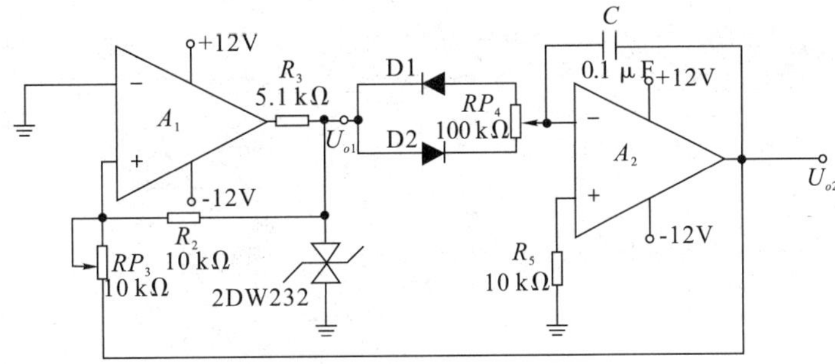

图 2-8-4　锯齿波发生电路

2.8.3　项目设备及主要器件

序号	名称	数量
1	双踪示波器	1
2	交流毫伏表	1
3	数字万用表	1

2.8.4 项目内容及步骤

1. 项目仿真内容

(1)方波发生电路。

①按图 2-8-5 绘制方波发生电路原理图，用示波器观察 U_c、U_o 波形及频率，仿真结果如图 2-8-6 所示。

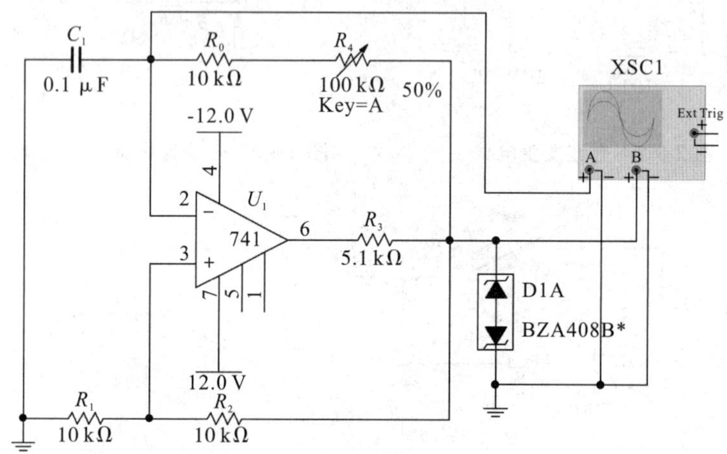

图 2-8-5　方波发生电路原理图(1)

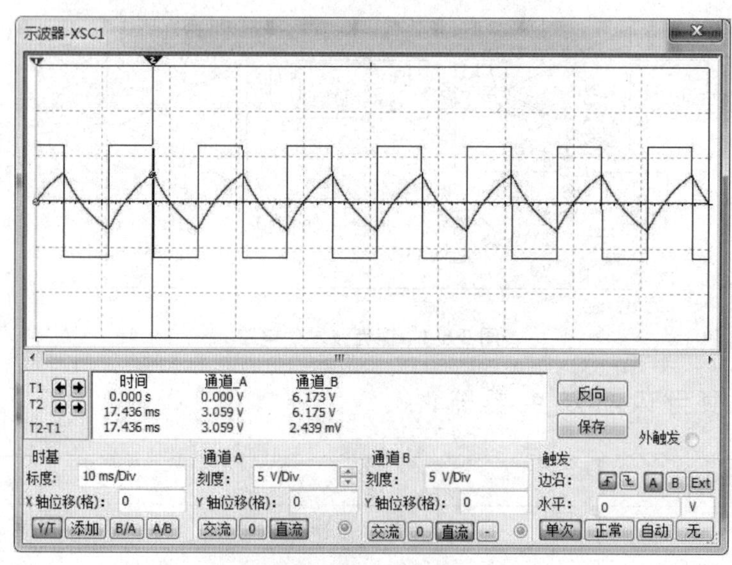

图 2-8-6　方波发生电路仿真波形(1)

②按图 2-8-7 绘制方波发生电路原理图，用示波器观察 U_c、U_o 波形及频率，仿真结果如图 2-8-8 所示。

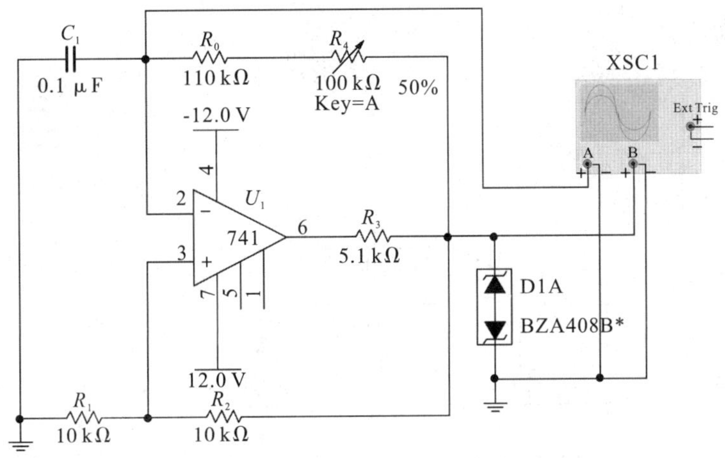

图 2-8-7　方波发生电路原理图(2)

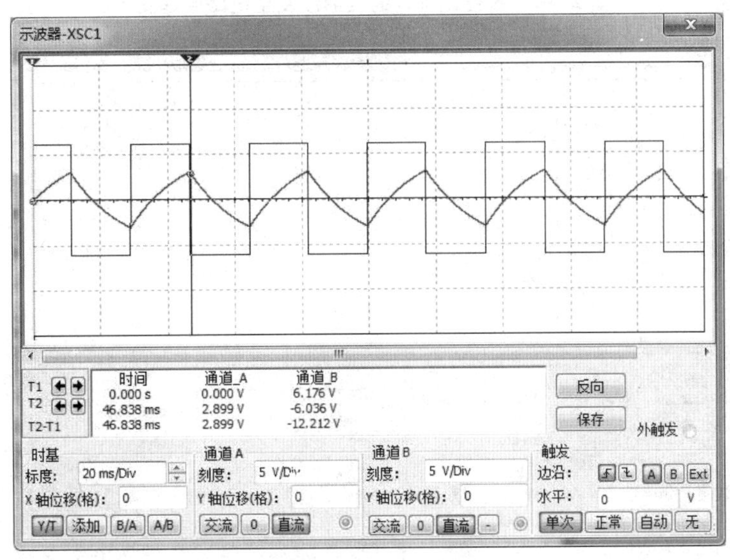

图 2-8-8　方波发生电路仿真波形(2)

③比较①和②中 U_c、U_o 波形、频率和输出幅值。

④思考要想获得更低的频率，应如何调整电路参数并进行仿真。

(2)占空比可调的矩形波发生电路。

①按图 2-8-9 绘制矩形波发生电路原理图，用示波器观察并测量 U_o 的振荡频率、幅值及占空比，仿真结果如图 2-8-10 所示。

②思考若要使 U_o 波形占空比更大，应如何调整电路参数并进行仿真。

③思考若要想获得更低频率的 U_o 波形，应如何调整电路参数并进行仿真。

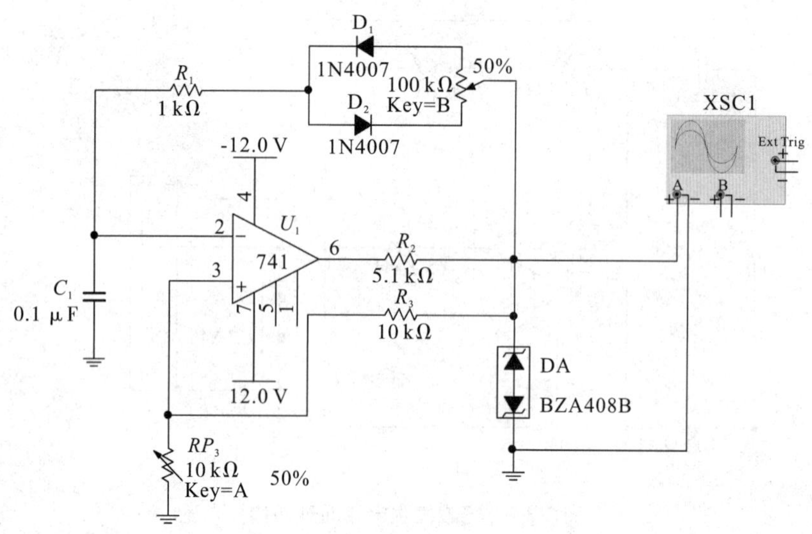

图 2-8-9　占空比可调的矩形波发生电路原理图

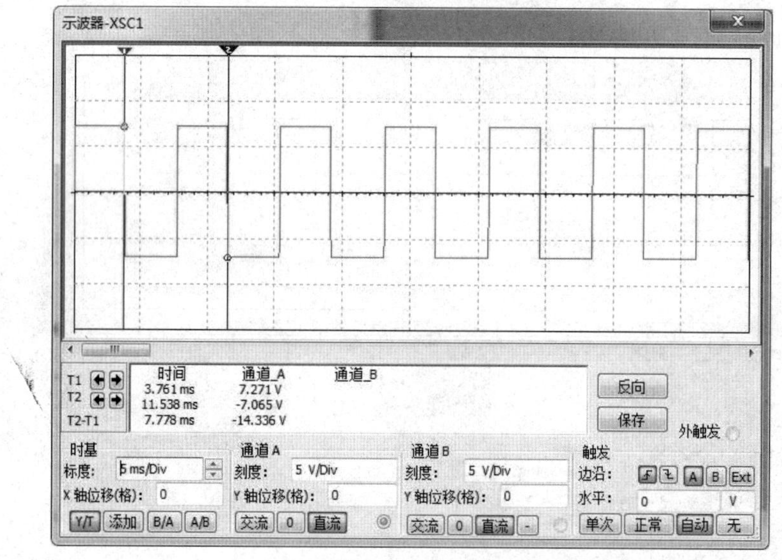

图 2-8-10　占空比可调的矩形波发生电路仿真波形

*(3)三角波发生电路。

①按图 2-8-11 绘制三角波发生电路原理图，用示波器分别观测 U_{o1} 及 U_{o2} 的波形并记录，仿真结果如图 2-8-12 所示。

②思考若要改变输出波形的频率，应如何调整电路参数并进行仿真。

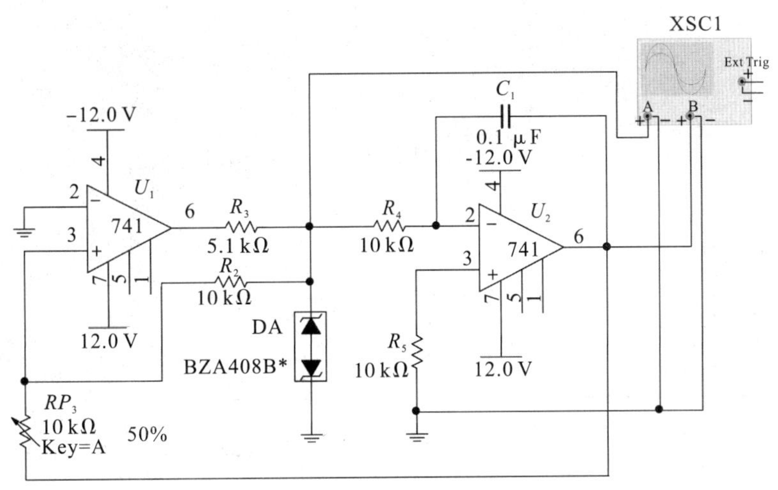

图 2-8-11　三角波发生电路原理图

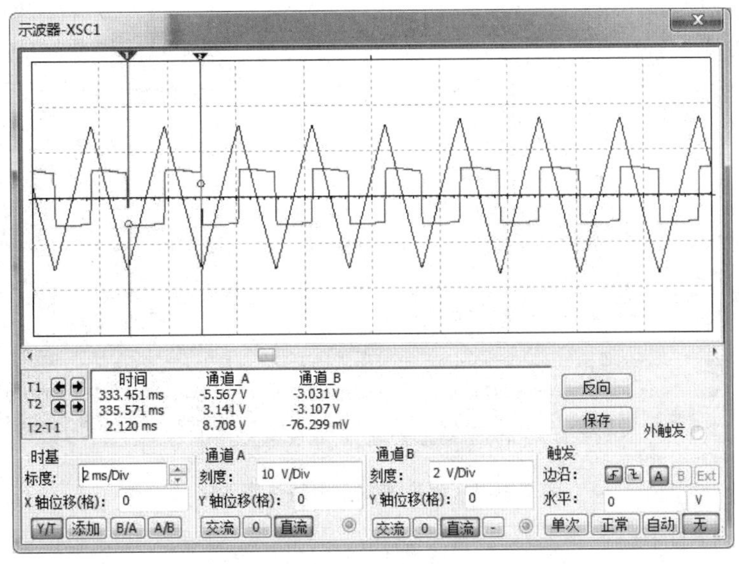

图 2-8-12　三角波发生电路仿真波形

*(4)锯齿波发生电路。

①按图 2-8-13 绘制锯齿波发生电路原理图，用示波器观测 U_{o1} 及 U_{o2} 的波形和频率，仿真结果如图 2-8-14 所示。

②思考若要改变锯齿波频率，应如何调整电路参数并进行仿真。

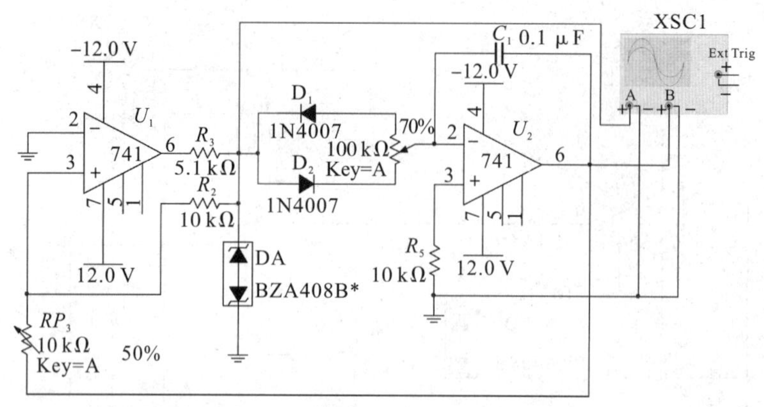

图 2-8-13　锯齿波发生电路原理图

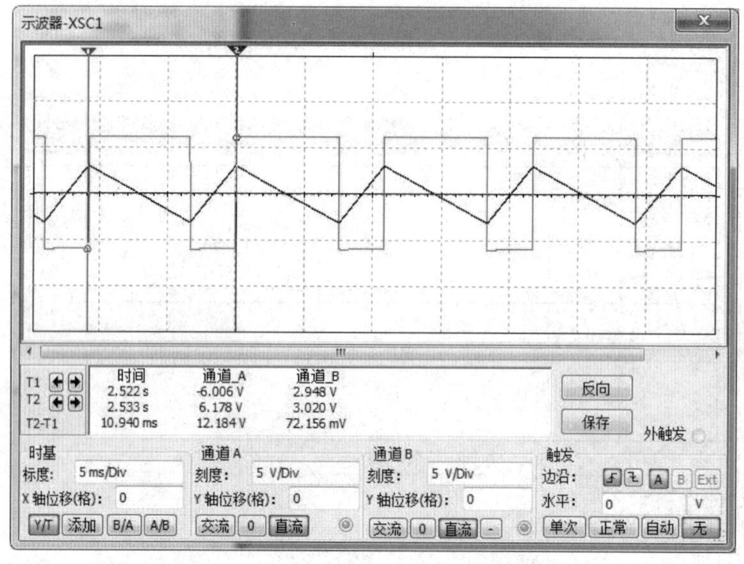

图 2-8-14　锯齿波发生电路仿真波形

2. 项目操作内容

(1)方波发生电路。

项目电路如图 2-8-1 所示，双向稳压管稳压值一般为 5～6 V。

①按电路图接线，观察 U_c、U_o 波形及频率，与预习内容比较。

②分别测出 R=10 kΩ，110 kΩ 时的频率和输出幅值，与预习内容比较。

③思考要想获得更低的频率，应如何选择电路参数。试利用项目箱上给出的元器件进行条件项目并观测之。

(2)占空比可调的矩形波发生电路。

项目电路如图 2-8-2 所示。

①按图接线，观察并测量电路的振荡频率、幅值及占空比。

②思考若要使占空比更大，应如何选择电路参数，并用项目验证之。

③思考要想获得更低的频率,应如何选择电路参数。试利用项目箱上给出的元器件进行条件项目并观测之。

*(3)三角波发生电路。

项目电路如图 2-8-3 所示。

①按图接线,分别观测 U_{o1} 及 U_{o2} 的波形并记录。

②思考如何改变输出波形的频率,按预习方案分别做项目并记录。

*(4)锯齿波发生电路。

项目电路如图 2-8-4 所示。

①按图接线,观测电路输出波形和频率。

②按预习时的方案改变锯齿波频率并测量变化范围。

2.8.5　注意事项

绘制三角波发生电路和锯齿波发生电路的原理图时,两个运放必须都要接±12 V电源。

2.8.6　项目报告要求

(1)画出各项目电路的输出及关键测试点的电压波形图。

(2)画出各项目预习要求的设计方案和电路图,写出项目步骤及结果。

(3)总结波形发生电路的特点,并回答下面问题:

①波形产生电路需调零吗?

②波形产生电路有没有输入端?

2.9　整流滤波与并联稳压电路

2.9.1　项目目的

(1)熟悉单相桥式整流电路结构及特点。

(2)观察并了解电容滤波的作用。

(3)了解并联稳压电路结构及特点。

(4)掌握运用 Multisim 软件对整流滤波与并联稳压电路进行仿真和分析的方法。

2.9.2　预习要求

(1)阅读项目指导书,了解项目基本内容和步骤。

(2)提前利用 Multisim 软件对整流滤波与并联稳压电路进行仿真和分析。

(3)说明图 2-9-1 中 U_1、U_2、U_o 的电压名称及性质,并对它们分别选择合适的测量仪器进行测量。

(4)思考:在桥式整流电路中,如果某个二极管发生开路、短路或反接三种情况,将会出现什么问题?

(5)预习报告中所列有关内容和待填表格数据,在操作项目前需交指导教师批阅。

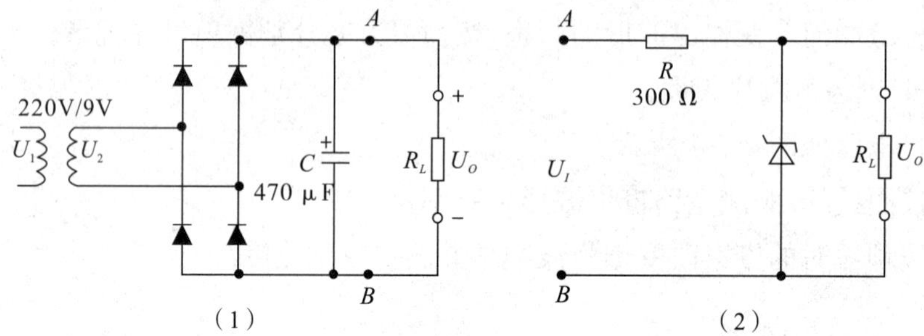

图 2-9-1　整流滤波与并联稳压电路

2.9.3　项目设备及主要器件

序号	名称	数量
1	双踪示波器	1
2	交流毫伏表	1
3	数字万用表	1

2.9.4　项目内容及步骤

1.项目仿真内容

(1)桥式整流滤波电路。

按图 2-9-2 绘制桥式整流滤波电路原理图,用万用表测量 U_2,仿真结果如图 2-9-3 所示。

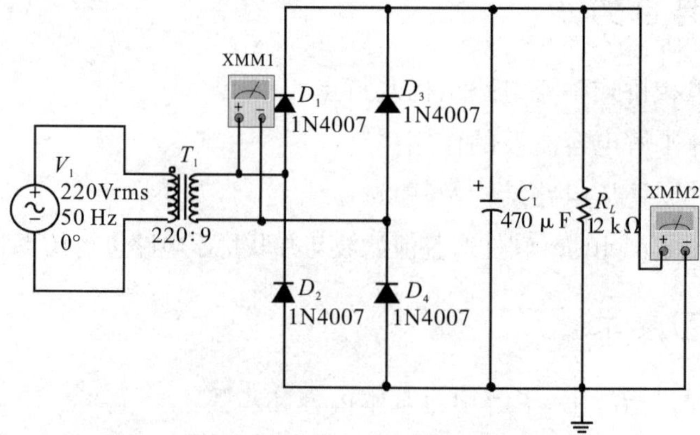

图 2-9-2　桥式整流滤波电路原理图

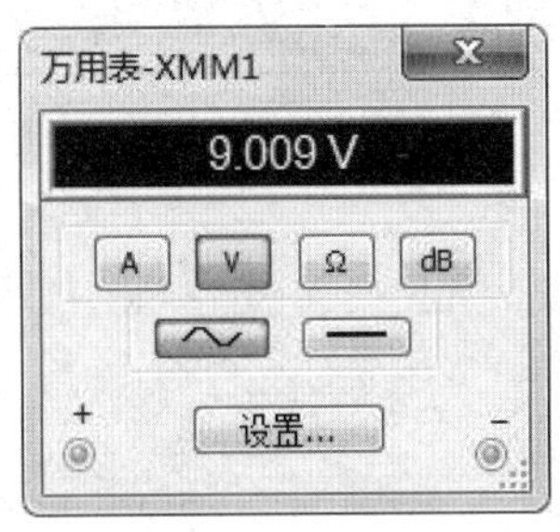

图 2-9-3　仿真结果

①当 R_L=300 Ω，桥式整流电路中无电容时，万用表的示数如图 2-9-4(1)所示；当桥式整流滤波电路中 C_1=47 μF 时，万用表的示数如图 2-9-4(2)所示；当桥式整流滤波电路中 C_1=470 μF 时，万用表的示数如图 2-9-4(3)所示。

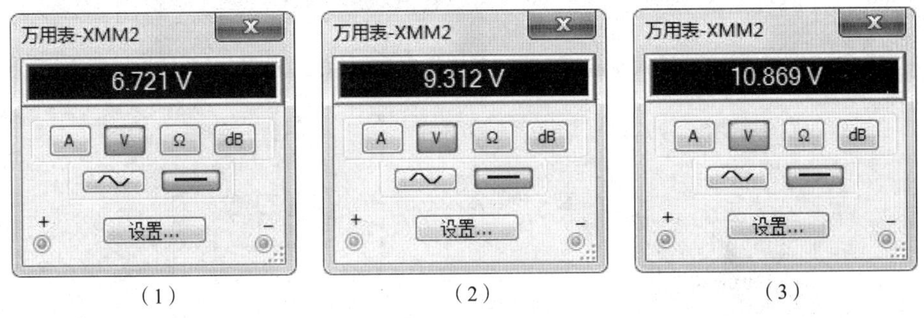

图 2-9-4　万用表示数

②当 R_L=1.2 kΩ 时，用示波器观察并记录不同电容值下 U_o 波形及 U_2 波形。当 C_1=47 μF 时，其原理图如图 2-9-5 所示，仿真结果如图 2-9-6 所示。当 C_1=470 μF 时，其原理图如图 2-9-7 所示，仿真结果如图 2-9-8 所示。

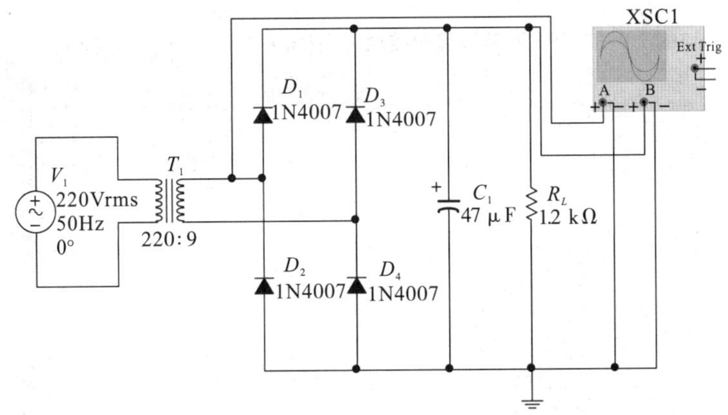

图 2-9-5　桥式整流滤波电路原理图(R_L=1.2 kΩ,C_1=47 μF)

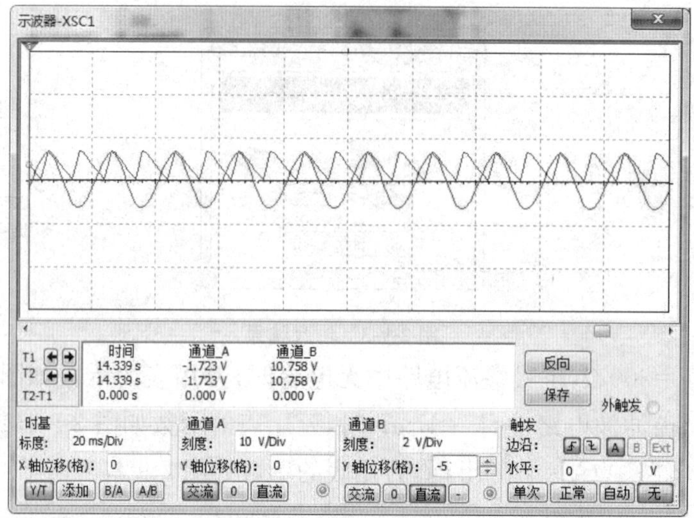

图 2-9-6　桥式整流滤波电路仿真波形($R_L=1.2\ \mathrm{k\Omega}, C_1=47\ \mu\mathrm{F}$)

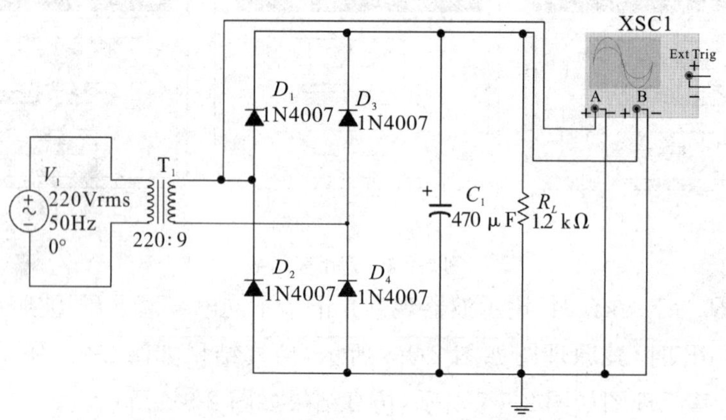

图 2-9-7　桥式整流滤波电路原理图($R_L=1.2\ \mathrm{k\Omega}, C_1=470\ \mu\mathrm{F}$)

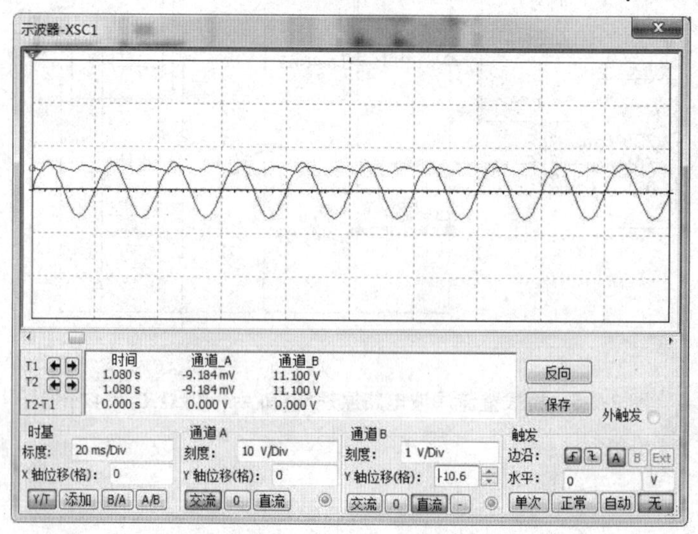

图 2-9-8　桥式整流滤波电路仿真波形($R_L=1.2\ \mathrm{k\Omega}, C_1=470\ \mu\mathrm{F}$)

(2)并联稳压电路。

按图 2-9-9 绘制并联稳压电路原理图,改变负载电阻 R_L,使负载 $R_L=\infty$、$R_L=1.2\ \text{k}\Omega$,分别测量和记录 U_I、U_R 和 U_o 的值。当 $R_L=1.2\ \text{k}\Omega$ 时,万用表测得的 U_I 读数如图 2-9-10(1)所示,万用表测得的 U_R 读数如图 2-9-10(2)所示,万用表测得的 U_o 读数如图 2-9-10(3)所示。

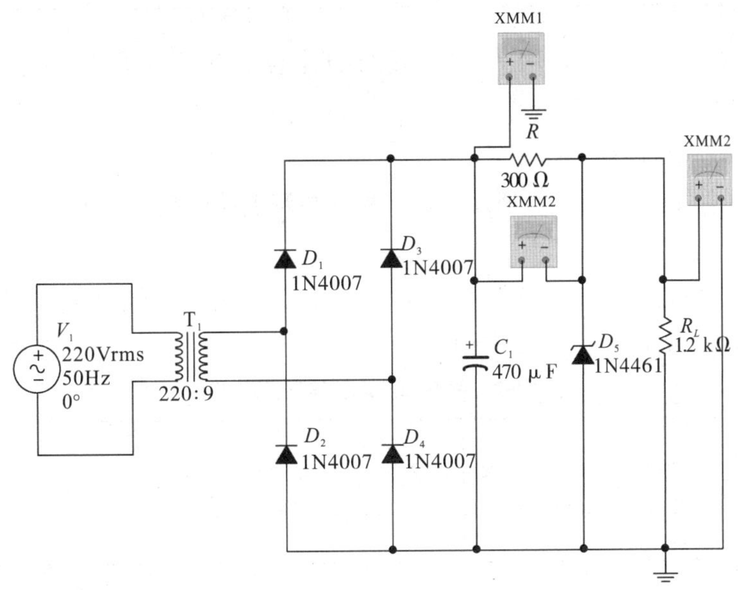

图 2-9-9　并联稳压电路原理图

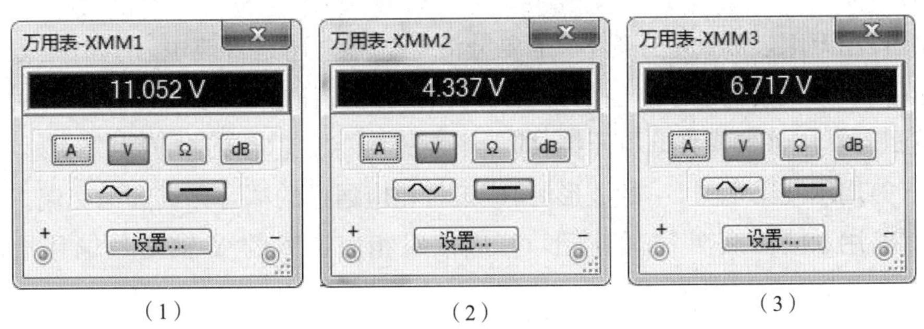

图 2-9-10　万用表读数

2. 项目操作内容

(1)桥式整流滤波电路。

项目电路如图 2-9-1(1),用电压表测量 $U_2=$__________。

①在 $R_L=\infty$时,分别由不同的电容接入电路,用直流电压表测量 U_o 并记录。

②在 $R_L=1.2\ \text{k}\Omega$ 和 $R_L=300\ \Omega$ 时,重复上述项目并记录在表 2-9-1 中。

表 2-9-1　桥式整流滤波电路

	无电容	47 μF	470 μF
$R_L=\infty$			
$R_L=1.2\ \text{k}\Omega$			
$R_L=300\ \Omega$			

③在 $R_L=1.2\ \text{k}\Omega$ 时，用示波器观察不同电容值下 U_o 波形及 U_2 波形，记录观察到的波形。

(2)并联稳压电路。

项目电路如图 2-9-1(2)所示，A、B 两点左侧电路省略，同图 2-9-1(1)中 A、B 两点左侧电路。

改变负载电阻 R_L，使负载 $R_L=\infty$、$R_L=1.2\ \text{k}\Omega$，分别测量 U_I、U_o、U_R，并计算电源输出电阻 R_o，在表 2-9-2 中记录。

表 2-9-2　并联稳压电路稳压性能测试值

R_L	U_I	U_R	U_o	R_o
$R_L=\infty$				
$R_L=1.2\ \text{k}\Omega$				

2.9.5　注意事项

(1)用万用表测量电压时，一定要分清是交流电还是直流电，例如，用万用表测 U_2 时，应该选择交流电压挡，即万用表的功能按钮应该选“V”和“～”；用万用表测 U_o 时，应该选择直流电压挡，即万用表的功能按钮应该选“V”和“—”。

(2)用示波器观测 U_2 的波形时，应该将相应通道的耦合方式选为交流。

(3)用示波器观测 U_o 的波形时，应该对相应通道的 Y 轴信号偏移量进行设置。

2.9.6　项目报告要求

(1)整理项目数据，并按项目内容计算。

(2)对表 2-9-1 中的数据进行全面分析，总结桥式整流、电容滤波电路的特点。

2.10 有源滤波器

2.10.1 项目目的

(1)加深对有源滤波器的构成及特性的理解。

(2)掌握运用 Multisim 软件对有源滤波器进行仿真和分析的方法。

(3)学会测试有源滤波器的幅频特性。

2.10.2 预习要求

(1)阅读项目指导书,了解项目基本内容和步骤。

(2)提前利用 Multisim 软件对有源滤波器进行仿真和分析。

(3)分析图 2-10-1、图 2-10-2、图 2-10-3 所示电路,写出它们的增益特性表达式。

(4)计算图 2-10-1 和图 2-10-2 电路的品质因素 Q、特征频率 f_0 与截止频率 f_P。

(5)计算图 2-10-3 电路的品质因数 Q 和中心频率 f_0。

(6)预习报告中所列有关内容和待填表格数据,在操作项目前需交指导教师批阅。

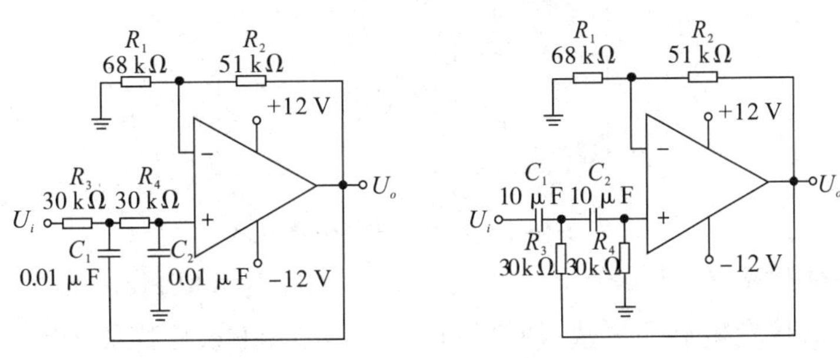

图 2-10-1 低通滤波器　　图 2-10-2 高通滤波器

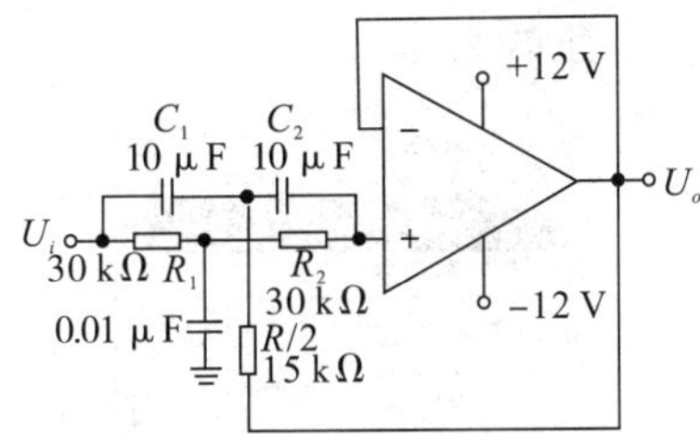

图 2-10-3 带阻滤波器

2.10.3 项目设备及主要器件

序号	名称	数量
1	功率函数信号发生器	1
2	双踪示波器	1
3	交流毫伏表	1
4	数字万用表	1

2.10.4 项目内容及步骤

1. 项目仿真内容

(1)低通滤波器。

按图 2-10-4 绘制低通滤波器。

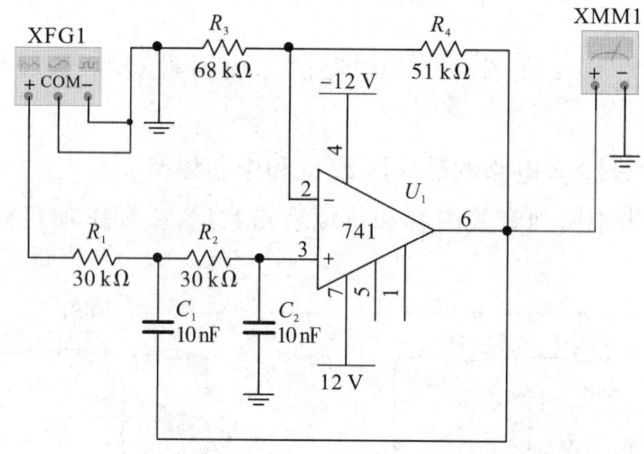

图 2-10-4　低通滤波器仿真电路

根据特征频率 f_0 计算公式，可以算出 f_0 大致为 530 Hz。设置 Multisim 原理图中函数信号发生器的参数，使其输出频率为 530 Hz，峰峰值为2.0 V的正弦信号，运行仿真，双击万用表能看到低通滤波器的输出电压，结果如图 2-10-5 所示。改变 f 值，观察并记录输出电压的大小。

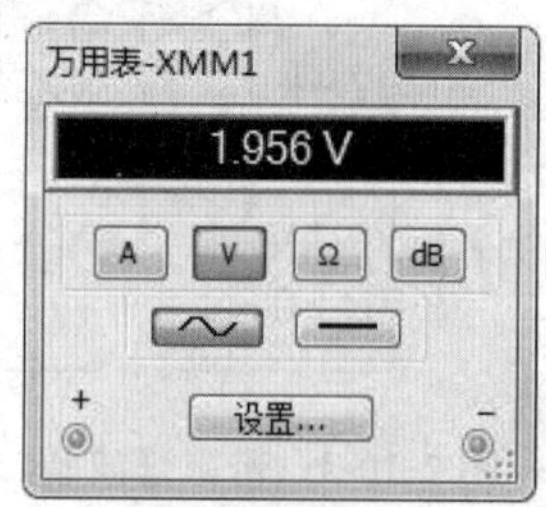

图 2-10-5　低通滤波器输出电压仿真值

(2)高通滤波器。

按图 2-10-6 绘制高通滤波器。

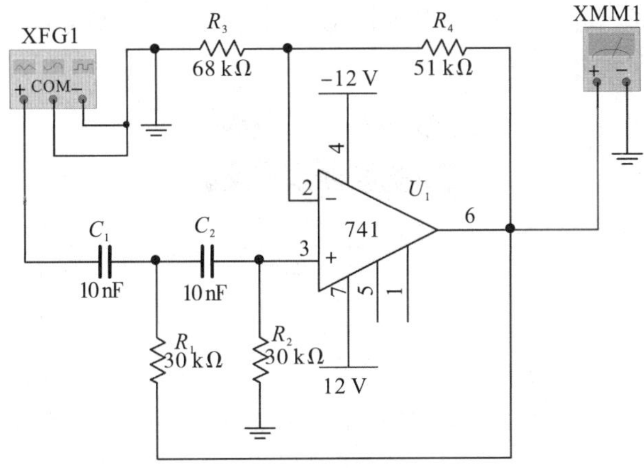

图 2-10-6　高通滤波器仿真电路

根据特征频率 f_0 计算公式,可以算出 f_0 大致为 530 Hz。设置 Multisim 原理图中函数信号发生器的参数,使其输出频率为 53 Hz,峰峰值为2.0 V的正弦信号,运行仿真,双击万用表能看到高通滤波器的输出电压,结果如图 2-10-7 所示。改变 f 值,观察并记录输出电压的大小。

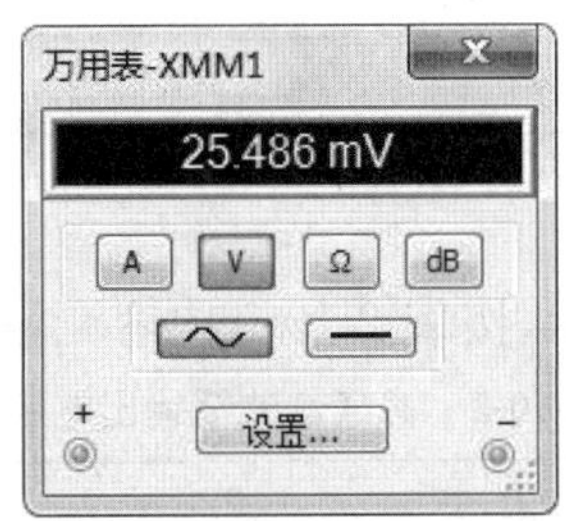

图 2-10-7　高通滤波器输出电压仿真值

* (3)带阻滤波器。

按图 2-10-8 绘制带阻滤波器。

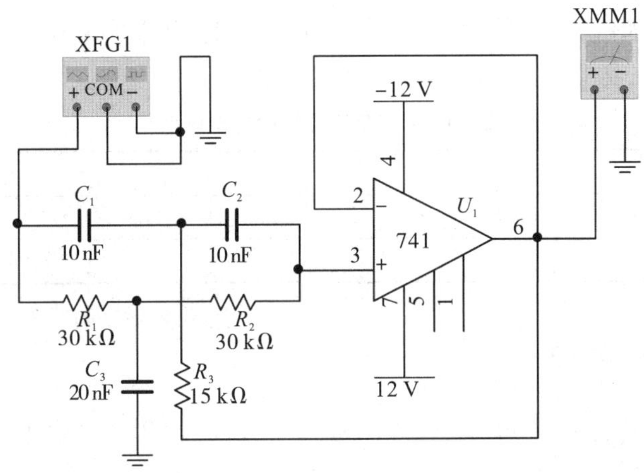

图 2-10-8　带阻滤波器仿真电路

根据阻带中心频率 f_0 计算公式，可以算出 f_0 大致为 530 Hz。设置 Multisim 原理图中函数信号发生器的参数，使其输出频率为 1060 Hz，峰峰值为 2.0 V 的正弦信号，运行仿真，双击万用表能看到带阻滤波器的输出电压，结果如图 2-10-9 所示。改变 f 值，观察并记录输出电压的大小。

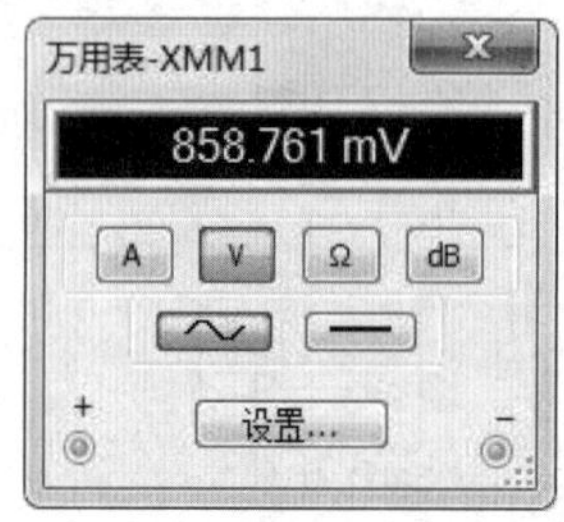

图 2-10-9　带阻滤波器输出电压仿真值

2. 项目操作内容

(1)低通滤波器。

项目电路如图 2-10-1 所示，按表 2-10-1 内容测量并记录。

表 2-10-1　低通滤波器输出电压值

U_i(V)	2.0 V						
f(Hz)	$0.1f_0$	$0.2f_0$	$0.5f_0$	f_0	$2f_0$	$5f_0$	$10f_0$
U_o(V)							

(2)高通滤波器。

项目电路如图 2-10-2 所示，按表 2-10-2 内容测量并记录。

表 2-10-2　高通滤波器输出电压值

U_i(V)	2.0 V						
f(Hz)	$0.1f_0$	$0.2f_0$	$0.5f_0$	f_0	$2f_0$	$5f_0$	$10f_0$
U_o(V)							

* (3)带阻滤波器。

项目电路如图 2-10-3 所示，实测电路中心频率，并以实测中心频率为中心，测出电路幅频特性，按表 2-10-3 内容测量并记录。

表 2-10-3 带阻滤波器输出电压值

U_i(V)	2.0 V						
f(Hz)	$0.1f_0$	$0.2f_0$	$0.5f_0$	f_0	$2f_0$	$5f_0$	$10f_0$
U_o(V)							

2.10.5　注意事项

在仿真原理图绘制的过程中，将函数信号发生器的“+”端作为信号输入端，

“一”端和 COM 端作为地或者 COM 端直接作为地，函数信号发生器的振幅应设置为 2.0 V。若将函数信号发生器的“＋”端作为信号输入端，“一”端作为地，则函数信号发生器的振幅应设置为 1.0 V。

2.10.6　项目报告要求

（1）整理项目数据，画出各电路幅频特性曲线，与计算值对比，并分析误差。

（2）如何组成带通滤波器？试设计中心频率为 300 Hz，带宽为 200 Hz 的带通滤波器。

2.11　OTL 功率放大电路

2.11.1　项目目的

（1）进一步理解 OTL 功率放大器的工作原理。

（2）掌握运用 Multisim 软件对 OTL 功率放大器进行仿真和分析的方法。

（3）学会 OTL 电路的调试及主要性能指标的测试方法。

2.11.2　预习要求

（1）阅读项目指导书，了解项目基本内容和步骤。

（2）提前利用 Multisim 软件对 OTL 功率放大器进行仿真和分析。

（3）思考电路的最大不失真输出电压幅度主要与哪些参数有关。

（4）思考图 2-11-1 中 R_{W2}、二极管 D 和电容 C_o、C_2 的作用是什么。

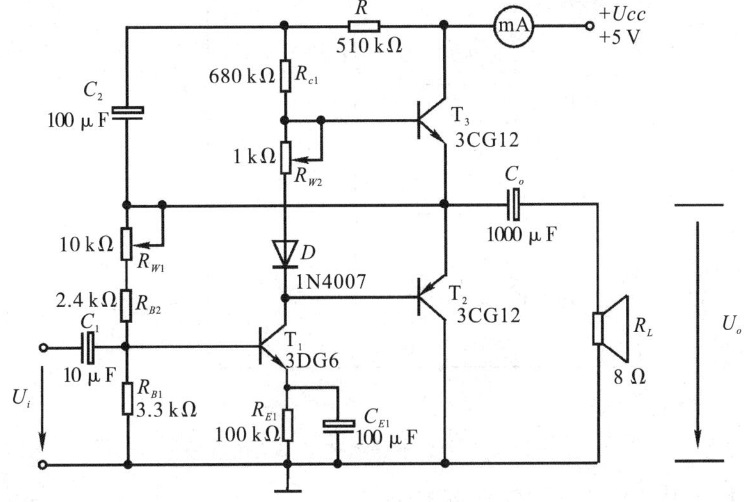

图 2-11-1　OTL 功率放大器电路

(5)预习报告中所列有关内容和待填表格数据，在操作项目前需交指导教师批阅。

2.11.3 项目设备及主要器件

序号	名称	数量
1	功率函数信号发生器	1
2	双踪示波器	1
3	交流毫伏表	1
4	数字万用表	1

2.11.4 项目内容及步骤

1. 项目仿真内容

(1)静态工作点的测试。

按图 2-11-2 绘制原理图，调节电位器 R_{W1}，使万用表 2 的示数在 2.5 V 左右，再调节 R_{W2}，使万用表 1 的示数在 5～10 mA，用万用表测量各级静态工作点。

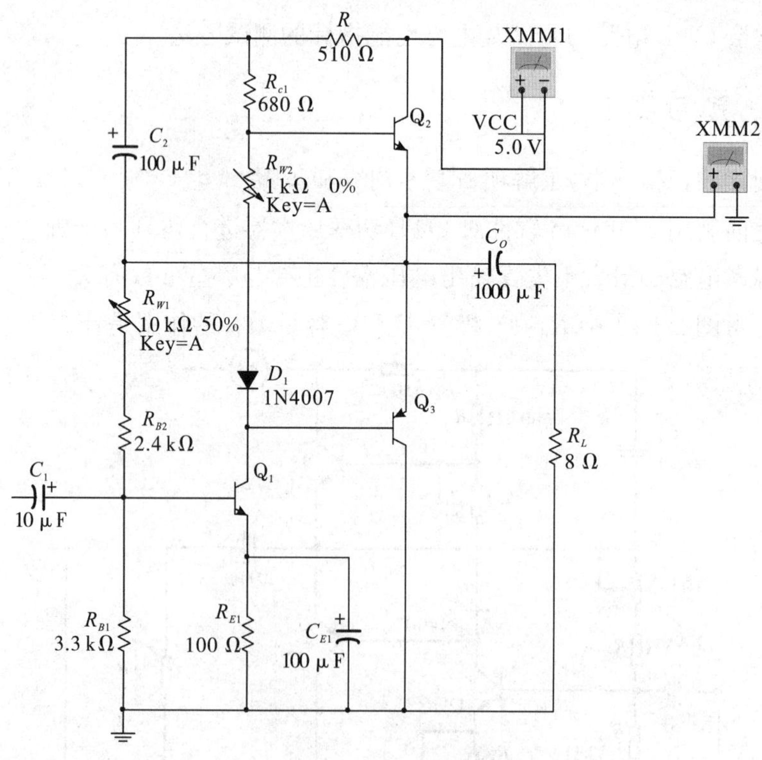

图 2-11-2 OTL 电路静态工作点仿真图

(2)最大输出功率 P_{om} 和效率 η 的测试。

①测量 P_{om}。

按图 2-11-3 绘制原理图，将函数信号发生器的输出信号设置为 f=500 Hz 的正弦信号 u_i，用示波器观察输出电压 u_o 波形。逐渐增大 u_i，使输出电压达到最大不失真输出，读出此时示波器上的示数，即负载 R_L 上的电压的最大值，仿真结果如图 2-11-5 所示，通过最大值和有效值的换算，则可以计算出 $P_{om}=\frac{U_{om}^2}{R_L}$。

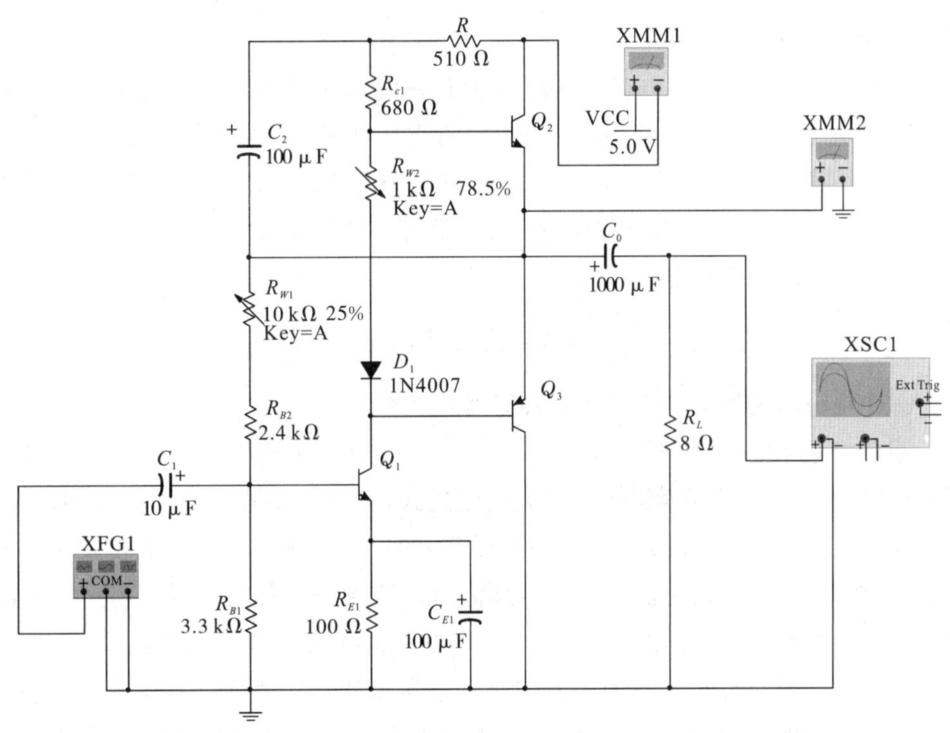

图 2-11-3　OTL 电路动态仿真图

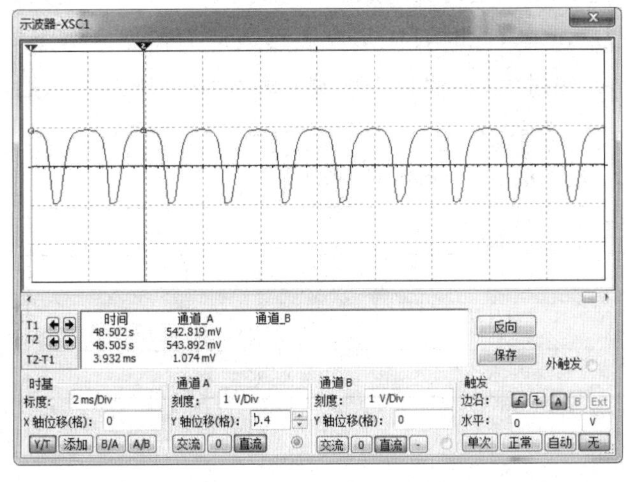

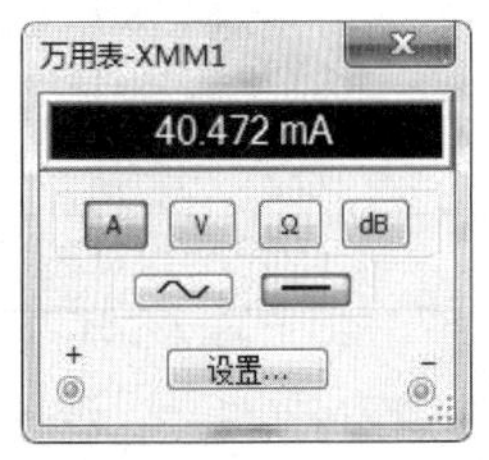

图 2-11-4　示波器仿真结果图　　**图 2-11-5　万用表 1 仿真结果**

②测量 η。

当输出电压为最大不失真输出时，读出图 2-11-3 中万用表 1 中的电流值，仿真结果如图 2-11-5 所示，此电流即为直流电源供给的平均电流 I_{dc}，由此可求得 $P_E=U_{cc}I_{dc}$，再根据上面测得的 P_{om}，即可求出 $\eta=\frac{P_{om}}{P_E}\times100\%$，此效率可近似为末级功放的最大效率，由于前置电压驱动级的存在，故有一定的差别。

2. 项目操作内容

(1)静态工作点的测试。

按图 2-11-1 连接项目电路，将输入信号旋钮旋至零($u_i=0$)，电源进线中串入直流毫安表，电位器 R_{W2} 置最小值，R_{W1} 置中间位置。接通+5 V 电源，观察毫安表指示，同时用手触摸输出级管子，若电流过大，或管子温升显著，应立即断开电源，检查原因(如 R_{W2} 开路、电路自激或输出管性能不好等)。如无异常现象，可开始调试。

①调节输出端中点电位 U_A。

调节电位器 R_{W1}，用直流电压表测量 A 点电位，使 $U_A=\frac{1}{2}U_{CC}$。

②调整输出级静态电流及测试各级静态工作点。

调节 R_{W2}，使 T_2、T_3 管的 $I_{C2}=I_{C3}=5\sim10$ mA。从减小交越失真的角度而言，应适当加大输出级静态电流，但该电流过大，会使效率降低，所以一般以 5～10 mA 为宜。由于毫安表是串在电源进线中的，因此测得的是整个放大器的电流，但一般 T_1 的集电极电流 I_{C1} 较小，从而可以把测得的总电流近似当作末级的静态电流。如要准确得到末级静态电流，则可从总电流中减去 I_{C1} 之值。

调整输出级静态电流的另一方法是动态调试法。先使 $R_{W2}=0$，在输入端接入 $f=500$ Hz 的正弦信号 u_i。逐渐加大输入信号的幅值，此时，输出波形应出现较严重的交越失真(注意:没有饱和和截止失真)，然后缓慢增大 R_{W2}，当交越失真刚好消失时，停止调节 R_{W2}，恢复 $u_i=0$，此时直流毫安表读数即为输出级静态电流。一般数值也应在 5～10 mA，如过大，则要检查电路。输出级电流调好以后，测量各级静态工作点，记入表 2-11-2 中。

表 2-11-2　$I_{C2}=I_{C3}=$____ mA　$U_A=2.5$ V

	T_1	T_2	T_3
U_B(V)			
U_C(V)			
U_E(V)			

注意:

① 在调整 R_{W2} 时，一是要注意旋转方向，不要调得过大，更不能开路，以免损坏输出管。

② 输出管静态电流调好，如无特殊情况，不得随意旋动 R_{W2} 的位置。

（2）最大输出功率 P_{om} 和效率 η 的测试

①测量 P_{om}。

输入端接 $f=500$ Hz 的正弦信号 u_i，输出端用示波器观察输出电压 u_o 波形。逐渐增大 u_i，使输出电压达到最大不失真输出，用示波器测出负载 R_L 上的电压 U_{om}（有效值），则 $P_{om}=\frac{U_{om}^2}{R_L}$。

②测量 η。

当输出电压为最大不失真输出时，读出直流毫安表中的电流值，此电流即为直流电源供给的平均电流 I_{dC}，由此可求得 $P_E=U_{CC}I_{dc}$，再根据上面测得的 P_{om}，即可求出 $\eta=\frac{P_{om}}{P_E}\times 100\%$，此效率可近似为末级功放的最大效率，由于前置电压驱动级的存在，故有一定的差别。

2.11.5　注意事项

（1）仿真图中的万用表 XHH1 一定要变成直流电流表，即选择“A”和“—”。

（2）调节函数信号发生器 u_i 幅值的时候，一定要监视输出信号的波形，一旦达到最大不失真波形，应立即停止增大幅值。

2.11.6　项目报告要求

（1）整理项目数据，计算静态工作点、最大不失真输出功率 P_{om}、效率 η 等，并与理论值进行比较。

（2）讨论项目中发生的问题及解决办法。

2.12　555 定时器的应用

2.12.1　项目目的

（1）掌握 555 定时器的电路结构和工作原理。

（2）掌握运用 Multisim 软件对 555 双音频多谐振荡器进行仿真和分析的方法。

（3）掌握 555 定时器的基本应用及各类电路的参数计算。

2.12.2　预习要求

（1）预习 555 定时器的电路结构、工作原理及基本应用。

（2）提前利用 Multisim 软件对 555 双音频多谐振荡器进行仿真。

(3)画出555双音频多谐振荡器的电路,并计算 T 和 f。

2.12.3 项目设备及主要器件

序号	名称	数量
1	直流电源	1台
2	双踪示波器	1台
3	NE555	1片
4	电容、电阻	若干

2.12.4 项目内容及步骤

多谐振荡器是一种能产生矩形波的自激振荡器,也称矩形波发生器。多谐振荡器没有稳态,只有两个暂稳态。在工作时,电路的状态在这两个暂稳态之间自动地交替变换,由此产生矩形波脉冲信号,常用作脉冲信号源及时序电路中的时钟信号。将两个多谐振荡器连接起来,前一个振荡器的输出接到后一个振荡器的控制端,后一个振荡器的输出接到扬声器上。也就是说,在电路的5脚外加一个控制电压,这个电压将改变芯片内比较电平,从而改变振荡频率。当控制电压升高(降低)时,振荡频率降低(升高),这就是控制电压对振荡信号频率的调制。利用这种调制方法,可组成一个能输出两个不同频率矩形波的多谐振荡器。如图2-12-1所示电路为一个双音频多谐振荡器。图中 $R_1=10\ \text{k}\Omega$, $R_2=150\ \text{k}\Omega$, $R_3=10\ \text{k}\Omega$, $R_4=10\ \text{k}\Omega$, $R_5=100\ \text{k}\Omega$, $C_1=10\ \mu\text{F}$, $C_2=0.01\ \mu\text{F}$, $C_3=47\ \mu\text{F}$, $R_W=10\ \text{k}\Omega$。$V_{CC}=+5\ \text{V}$ 时,定时器输出的高、低电平分别为3.3 V和0.2 V,喇叭的电阻为20 Ω。

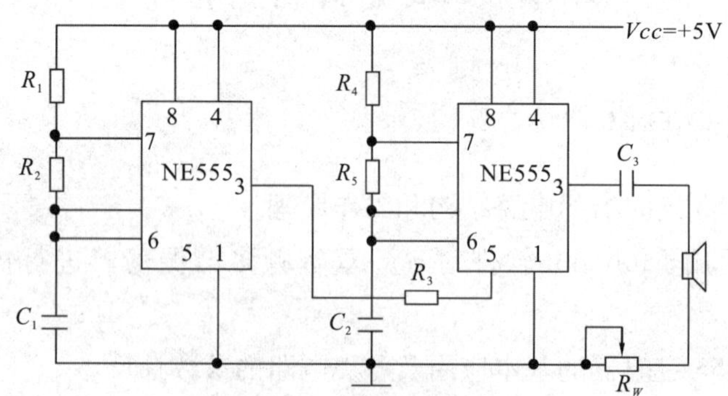

图2-12-1 双音频多谐振荡器

1.项目仿真内容

在Multisim中按图2-12-2绘制原理图,仿真结果如图2-12-3和2-12-4所示。

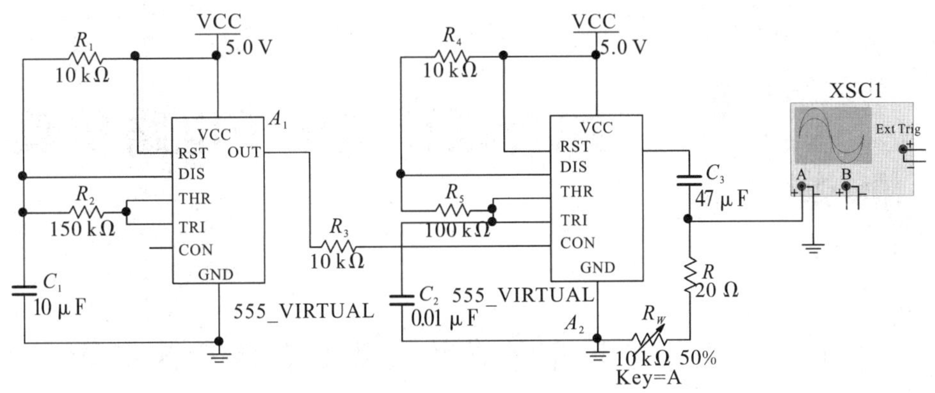

图 2-12-2　双音频多谐振荡器仿真电路

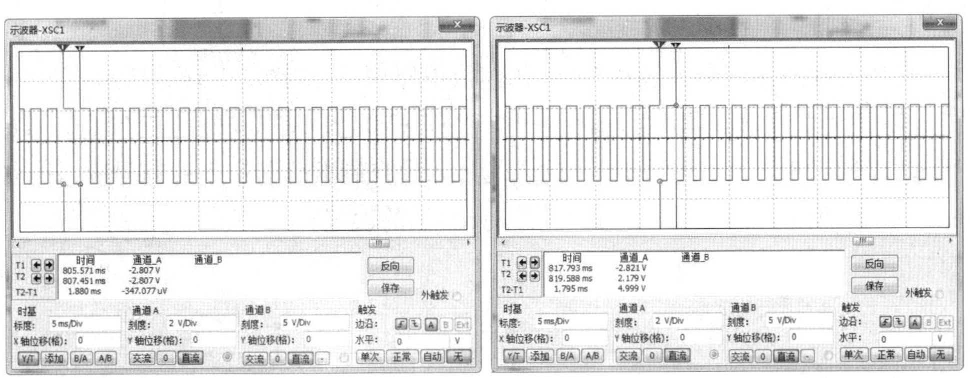

图 2-12-3　双音频多谐振荡器仿真结果(低频率)

图 2-12-4　双音频多谐振荡器仿真结果(高频率)

2. 项目操作内容

按照图 2-12-1 搭建电路，调节多圈电位器 R_W，使喇叭的音质最好，并计算双音频多谐振荡器的电路的 T 和 f。

2.12.5　注意事项

在仿真原理图绘制的过程中，第一个 555 芯片的 5 管脚可以悬空，可以接一个 0.01 μF 的电容到地。

2.12.6　项目报告要求

(1)画出项目内容中的波形时，一定要注意其对应关系。

(2)注意观察实测波形与理论波形的区别。

(3)计算双音频多谐振荡器电路的 T 和 f。

综合设计型电子电路仿真

3.1 2011 年全国电子设计大赛综合测评题仿真

3.1.1 题目

使用一片通用四运放芯片 LM324 组成电路框图，如图 3-1-1(a)所示，实现下述功能：使用低频信号源产生 $u_{i1}=0.1\sin 2\pi f_0(\text{V})$，$f_0=500$ Hz 的正弦波信号加入加法器的输入端，加法器的另一输入端加入由自制振荡器产生的信号 u_{o1}，u_{o1} 如图 3-1-1(b)所示，$T_1=0.5$ ms，允许 T_1 有±5%的误差。

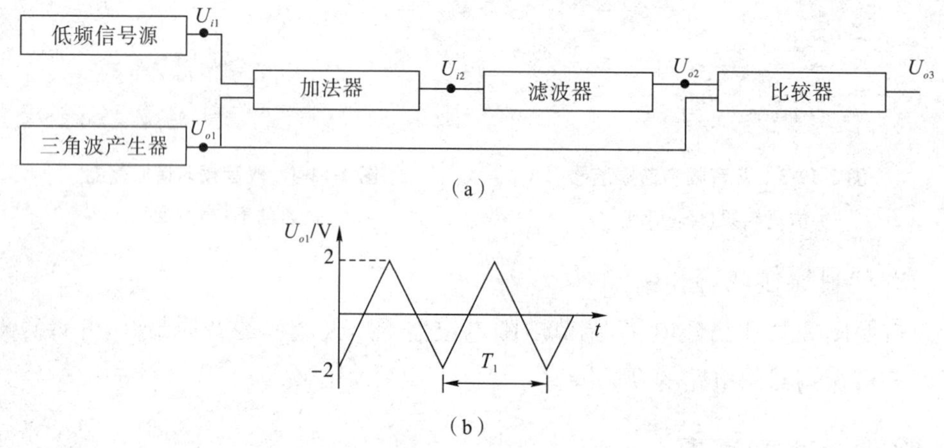

图 3-1-1 电路框架图

图 3-1-1(a)中要求加法器的输出电压 $u_{i2}=10u_{i1}+u_{o1}$。u_{i2} 经选频滤波器滤除 u_{o1} 频率分量，选出 f_0 信号为 u_{o2}，u_{o2} 为峰峰值等于 9 V 的正弦信号，用示波器观察无明显失真。u_{o2} 信号再经比较器后在 1 kΩ 负载上得到峰峰值为 2 V 的输出电压 u_{o3}。

电源只能选用+12 V 和+5 V 两种单电源，由稳压电源供给。不得使用额外电源和其他型号运算放大器。

3.1.2 题目分析

根据题目内容要求可知，LM324 是一片通用四运放芯片，即内部含有 4 个运算放大器。而题目要求：

(1)产生一个三角波，峰峰值为4 V，周期为$T_1=0.5$ ms，允许有±5%的误差，即频率f_1为1905～2105 Hz。

(2)设计一个加法器，将低频信号源输出的频率$f_0=500$ Hz的信号放大10倍后与三角波相加。

(3)设计一个滤波器，仅允许加法器输出信号中的频率为$f_0=500$ Hz的正弦信号通过，而阻止其他频率的信号，且要求输出峰峰值为9 V。

(4)设计一个比较器，使得1 kΩ上获得的信号峰峰值为2 V。此外，题目要求单电源供电，不得使用额外电源及运放。

为了采用双电源供电，用电阻分压产生正负电源，使用单个运放结合电阻、电容等基本元件生成三角波，其余3个运放分别用来设计加法器、滤波器和比较器。系统的原理框架图如图3-1-2所示。

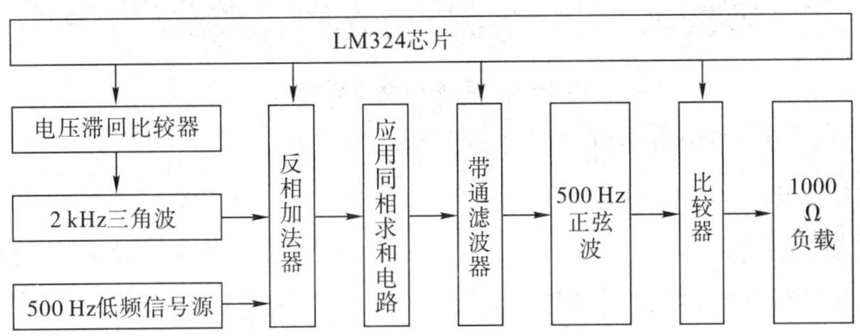

图3-1-2　系统原理框架图

3.1.3　Multisim仿真过程

1. 电源电路仿真

(1)仿真电路。

采用两个电阻分压，产生正负电源，设计电路如图3-1-3所示。

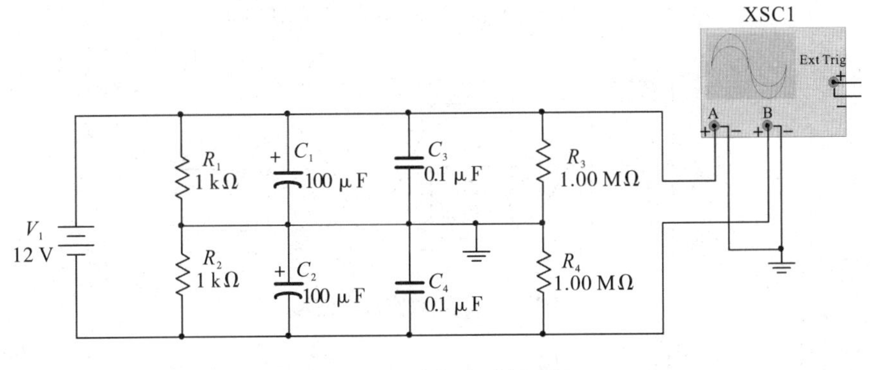

图3-1-3　电源电路原理图

(2)仿真结果。

仿真结果如图 3-1-4 所示。

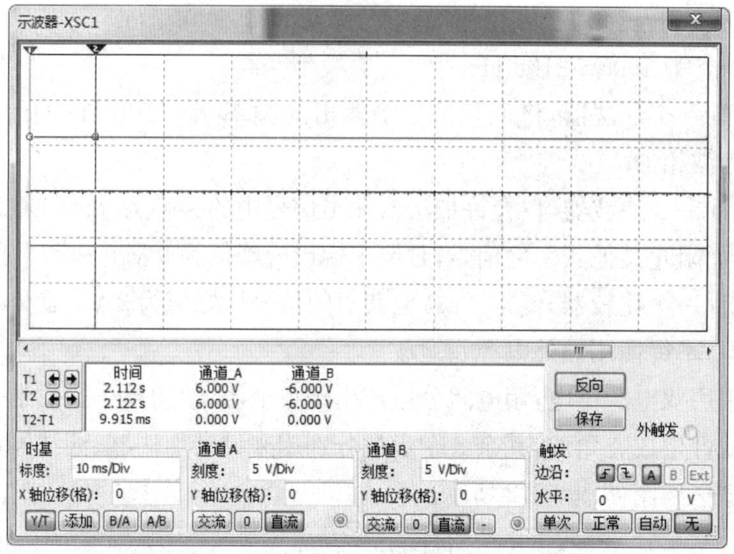

图 3-1-4　电源电路仿真结果

2. 三角波产生电路仿真

(1)仿真电路。

设计思路是利用集成运放构成一个反相迟滞的滞回电压比较器，然后利用 RC 充放电电路(积分电路)的电容电压给运放的反向端输入信号。采用反相迟滞的原因是利用其引入的正反馈使得运放在其输入电压失调和内部噪声的作用最终失衡，从而输出最大的正负电压，即给运放供电的直流电压 V_{CC} 和 V_{EE} ($V_{CC}=-V_{EE}$)。理论上充放电速度越快，滞回电压比较器的阈值电压越小，从电容上输出的电压越逼近三角波。如图 3-1-5 所示，由于 RC 充放电电路相同，故电压比较器输出为幅值是 $2U_{th}$ 的方波，因此只需要计算半周期即可得到周期 T。假定从第 2 个周期开始，初始时刻为 0，则可列出电容电压表达式为：

$$u_C(t)=u_C(0)+(u_C(\infty)-u_C(0))\left(1-\mathrm{e}^{-\frac{t}{\tau}}\right)$$

图 3-1-5　RC 电路充放电波形

根据图 3-1-6 中的仿真电路，上式中 $u_C(0)=-U_{th}=-V_{CC}\dfrac{R_3}{R_2+R_3}$，

$u_C(\infty)=V_{CC}$，$\tau=R_1C_1$，并且在半周期时 $u_C(0.5T)=U_{th}$，也即 $u_C(0.5T)=V_{CC}\dfrac{R_2}{R_1+R_2}$。最终求解得到周期为：

$$T=2R_1C\ln\left(1+\frac{2R_3}{R_2}\right)。$$

先确定较容易得到的电容 C_1，然后计算得出电阻 R_1 的阻值，选用参数相对误差(±5%左右)小的元件。电容 C_1 的选择一般不宜超过 1 μF，因为大电容的体积较大，且价格较贵，应尽量避免。电阻 R_2 和 R_3 可根据直流电源电压 V_{CC} 和滞回电压比较器的阈值电压 U_{th} 确定。需要注意的是，由于集成运放采用双电源供电，因此在计算时注意电阻 R_2 和 R_3 的取值，使得滞回电压比较器的阈值电压(亦即运放同相端电压 u_+)大小为 2 V，即可满足三角波的峰值电压为 4 V。理论上运放输出最大电压值为 V_{CC}，实际值要小一些。因此，为了获得需要的峰值，可以通过调节 R_3 的大小来实现。为了加快起振速度，电阻 R_2 和 R_3 的取值可以较小。

这里做电路仿真时，选择 $R_2=3$ kΩ，$R_3=2$ kΩ，$C_1=0.1$ μF，计算得到 $R_1\approx$ 2950 Ω，选择标称值与之相近的电阻，这里选择阻值为 2.7 kΩ 的电阻进行仿真。

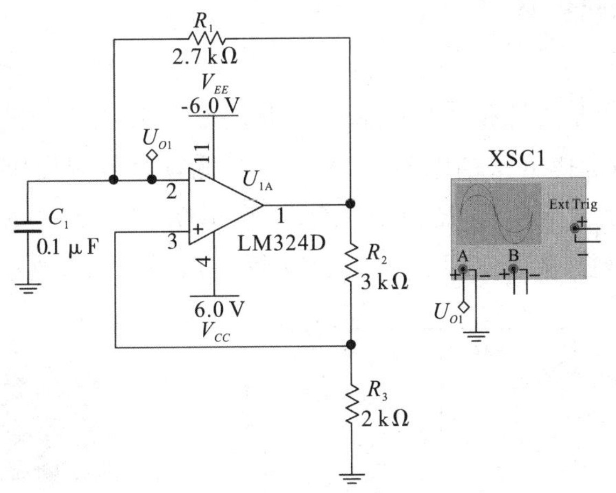

图 3-1-6　三角波产生电路原理图

(2)仿真结果。

仿真结果如图 3-1-7 所示。

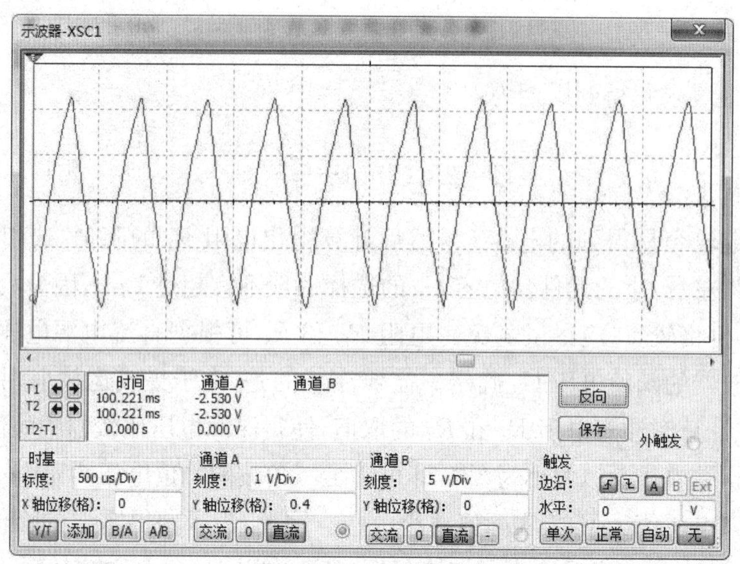

图 3-1-7　三角波产生电路仿真结果

3. 加法器电路仿真

(1)仿真电路。

加法器的操作是将低频信号源输出结果放大 10 倍与三角波相加。这里采用反相加法运算器,选择负反馈电阻 $R_7=10\ \text{k}\Omega$,低频信号源提供的信号输入电阻 $R_6=1\ \text{k}\Omega$,三角波输入电阻 $R_5=10\ \text{k}\Omega$,平衡电阻 $R_4=R_5//R_6//R_7=10\ \text{k}\Omega//10\ \text{k}\Omega//1\ \text{k}\Omega\approx1\ \text{k}\Omega$,从而实现 $u_{i2}=-(10u_{i1}+u_{o1})$。设计电路如图 3-1-8 所示。

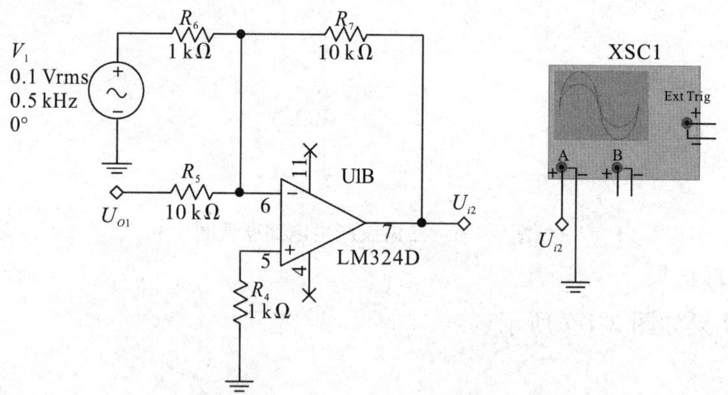

图 3-1-8　加法器电路原理图

(2)仿真结果。

仿真结果如图 3-1-9 所示。

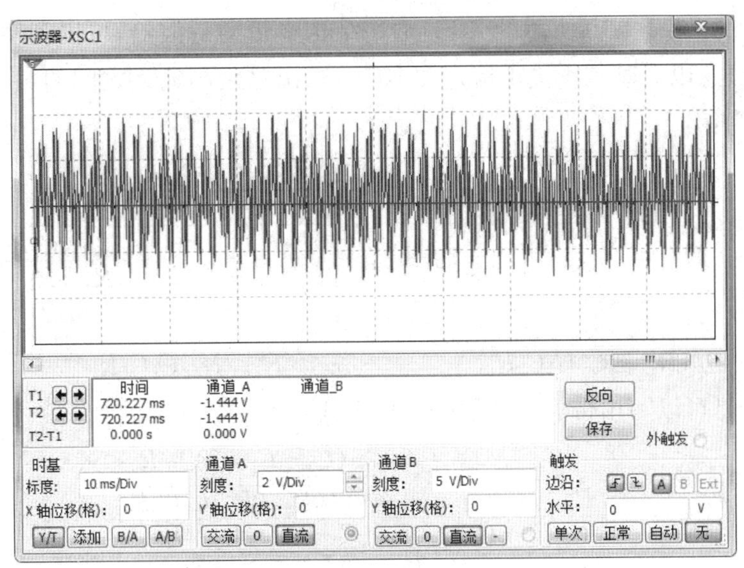

图 3-1-9　加法器电路仿真结果

4. 带通滤波电路仿真(时域)

(1)仿真电路。

题目设计中仅要求频率为 $f_0=500$ Hz 的正弦信号通过，因此需要设计一个单频率点选频放大电路来实现。若采用易用型窄带滤波电路，通常为避免设计太复杂，对电路参数具有约束规定：电阻 $R_1=R_2=R$，电容 $C_1=C_2=C$，$R_3=2R$，以简化设计并选择电容值为 1 μF。因此，可以利用公式 $R=\frac{1}{2\pi f_0 C}$求出电阻大小为：

$$R=\frac{1}{2\pi f_0 C}=318.31\ \Omega。$$

选择标称值为 300 Ω 的电阻。R_4、R_5 和 LM324 构成反相比例运算器，可根据增益要求，设置比例系数。

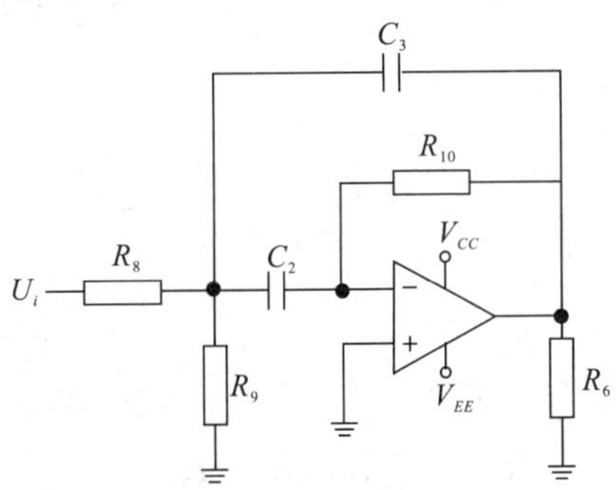

图 3-1-10　MFB 通用结构窄带通滤波器

若采用如图3-1-10所示的MFB通用结构窄带通滤波器,可以利用"虚短"和"虚断"的概念以及基尔霍夫电流定律KCL,求出输出与输入之间的关系,写出频域表达式为:

$$\dot{A}(j\omega)=-\frac{R_{10}}{R_8}\frac{C_2}{C_2+C_3}\frac{j\omega\frac{(C_2+C_3)R_8R_9}{R_8+R_9}}{1+j\omega\frac{(C_2+C_3)R_8R_9}{R_8+R_9}+(j\omega)^2\frac{C_2C_3R_8R_9R_{10}}{R_8+R_9}}$$

令 $\omega_0=\frac{1}{\sqrt{(R_8//R_9)C_2C_3R_{10}}}$,即 $f_0=\frac{1}{2\pi\sqrt{(R_8//R_9)C_2C_3R_{10}}}$ 时,上式分母为纯虚数,于是可以写出带通滤波器的通用形式:

$$\dot{A}(j\omega)=-\frac{R_{10}}{R_8}\frac{C_2}{C_2+C_3}\frac{j\frac{\omega}{\omega_0}\frac{(C_2+C_3)(R_8//R_9)}{\sqrt{(R_8//R_9)C_2C_3R_{10}}}}{1+j\frac{\omega}{\omega_0}\frac{(C_2+C_3)(R_8//R_9)}{\sqrt{(R_8//R_9)C_2C_3R_{10}}}+(j\omega)^2},$$

于是可简化表示为:

$$\dot{A}(j\omega)=A_m\frac{j\Omega\frac{1}{Q}}{1+j\Omega\frac{1}{Q}+(j\Omega)^2},\text{式中}$$

$$A_m=-\frac{R_{10}}{R_8}\frac{C_2}{C_2+C_3},\frac{1}{Q}=\frac{(C_2+C_3)(R_8//R_9)}{\sqrt{(R_8//R_9)C_2C_3R_{10}}},$$

也即

$$\frac{1}{Q}=(C_2+C_3)\sqrt{\frac{(R_8//R_9)}{C_2C_3R_{10}}},Q=\sqrt{\frac{C_2C_3R_{10}}{(R_8//R_9)}}/(C_2+C_3)。$$

为了简化设计,设两个电容均为 C,则中心频率表达式为:

$$f_0=\frac{1}{2\pi\sqrt{(R_8//R_9)C_2C_3R_{10}}}=\frac{1}{2\pi C\sqrt{(R_8//R_9)R_{10}}}$$

于是有:$\sqrt{(R_8//R_9)R_{10}}=\frac{1}{2\pi f_0C},\frac{R_8R_9R_{10}}{R_8+R_9}=\frac{1}{4(\pi f_0C)^2}$。

中频增益表达式为:

$$A_m=-\frac{R_{10}}{R_8}\frac{C_2}{C_2+C_3}=-\frac{R_{10}}{2R_8}。$$

品质因数表达式为:

$$Q=\sqrt{\frac{C_2C_3R_{10}}{(R_8//R_9)}}/(C_2+C_3)=\frac{1}{2}\sqrt{\frac{R_{10}}{(R_8//R_9)}},$$

$$4Q^2=\frac{R_{10}}{(R_8//R_9)}=\frac{R_{10}(R_8+R_9)}{R_8R_9}=\frac{R_{10}}{R_9}+\frac{R_{10}}{R_8}。$$

于是可以列出方程组

$$\begin{cases}\dfrac{R_8R_9R_{10}}{R_8+R_9}=\dfrac{1}{4(\pi f_0C)^2},\\ A_m=-\dfrac{R_{10}}{2R_8},\\ 4Q^2=\dfrac{R_{10}}{R_9}+\dfrac{R_{10}}{R_8}。\end{cases}$$

进一步分析求解可得：

$$R_8=-\frac{Q}{2\pi f_0CA_m},R_{10}=-2A_mR_8=\frac{Q}{\pi f_0C},R_9=-\frac{A_mR_8}{2Q^2+A_m}。$$

总结上述设计过程，可概括为已知中心频率 f_0、峰值增益 A_m、品质因数 Q，可以按下列步骤选择电路参数：

①选择两个相等的电容，一般不超过 1 μF。

②计算 $R_8=-\dfrac{Q}{2\pi f_0CA_m}$。

③计算 $R_{10}=-2A_mR_8=\dfrac{Q}{\pi f_0C}$。

④计算 $R_9=-\dfrac{A_mR_8}{2Q^2+A_m}$。

需要注意的是 $A_m<0$，所以 $2Q^2+A_m>0$，该式一般都能满足。有前级的信号为 $u_{i2}=10u_{i1}+u_{o1}$，输出为峰值为 1 V 的正弦信号与峰峰值为 4 V 的三角波的叠加和，而需要输出峰峰值为 9 V 的正弦波，因此可以先指定 $A_m=-5$，后期再微调，品质因数 $Q=2$。于是，可以根据上述步骤确定出电路参数，如图 3-1-11 所示。

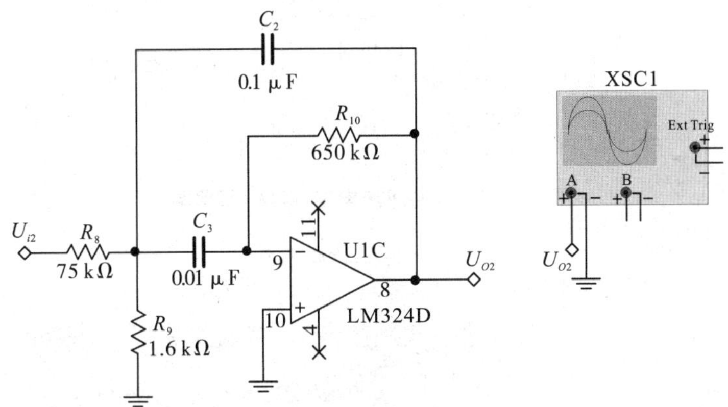

图 3-1-11 带通滤波电路原理图

(2)仿真结果。

仿真结果时域波形如图 3-1-12 所示。

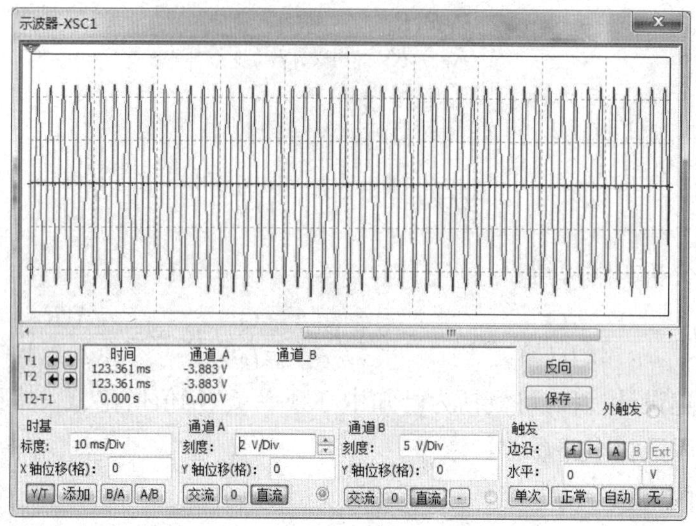

图 3-1-12　带通滤波电路仿真结果

5. 带通滤波电路仿真(频域)

(1)仿真电路如图 3-1-13 所示。

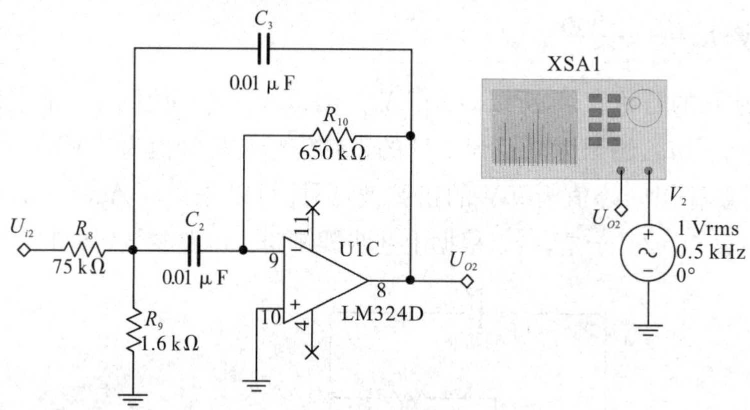

图 3-1-13　带通滤波电路(频域)原理图

(2)仿真结果。

仿真结果如图 3-1-14 所示。

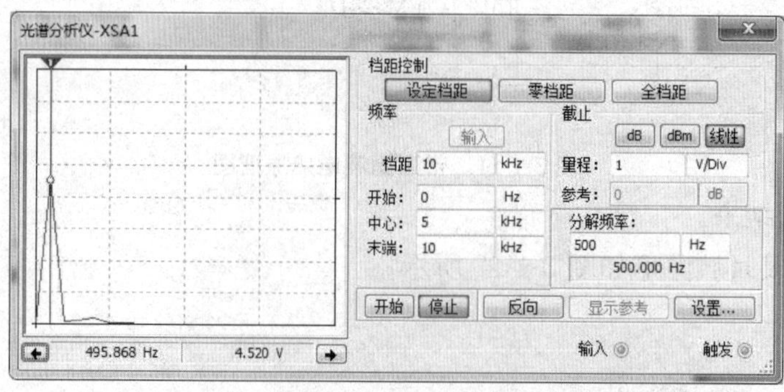

图 3-1-14　带通滤波电路(频域)仿真结果

6. 比较器电路仿真

(1)仿真电路。

题目要求经比较器输出后，在 1 kΩ 负载上获得峰峰值为 2 V 的波形。因此，将滤波输出峰峰值为 9 V 的正弦波信号经电阻分压后得到的电压与 RC 充放电电路上电容的电压进行比较，电路如图 3-1-15 所示。为了在 1 kΩ 负载上获得峰峰值为 2 V 的波形，可以在电压比较器的输出端串接一个电位器，以便于调节负载上的电压峰值。

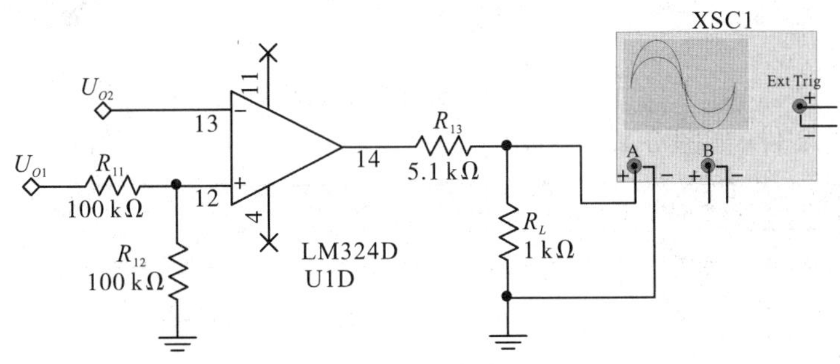

图 3-1-15　比较器电路原理图

(2)仿真结果。

仿真结果如图 3-1-16 所示。

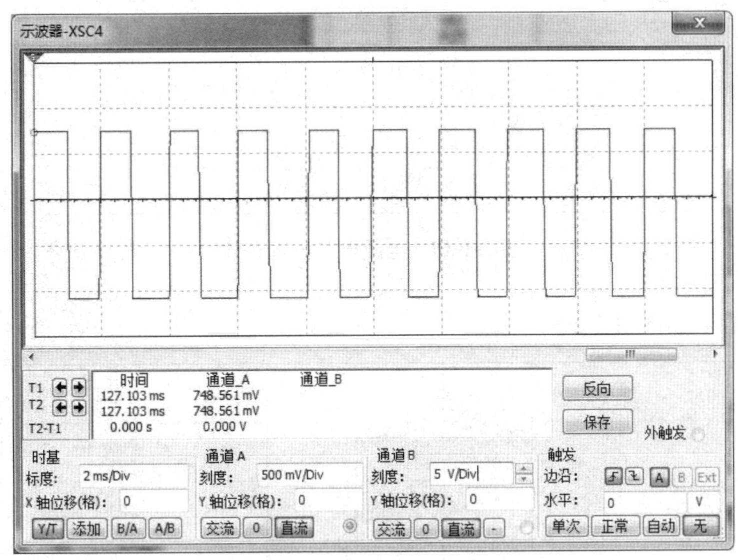

图 3-1-16　比较器电路仿真结果

3.1.4　Cadence 仿真过程

1. 电源电路

(1)仿真电路，如图 3-1-17 所示。

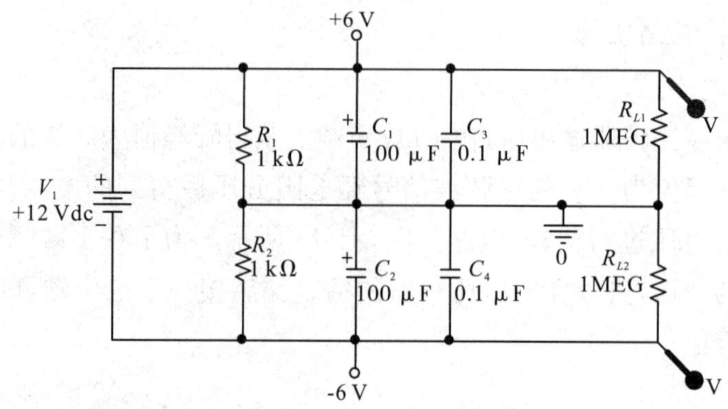

图 3-1-17　电源电路原理图

(2)仿真文件,如图 3-1-18 所示。

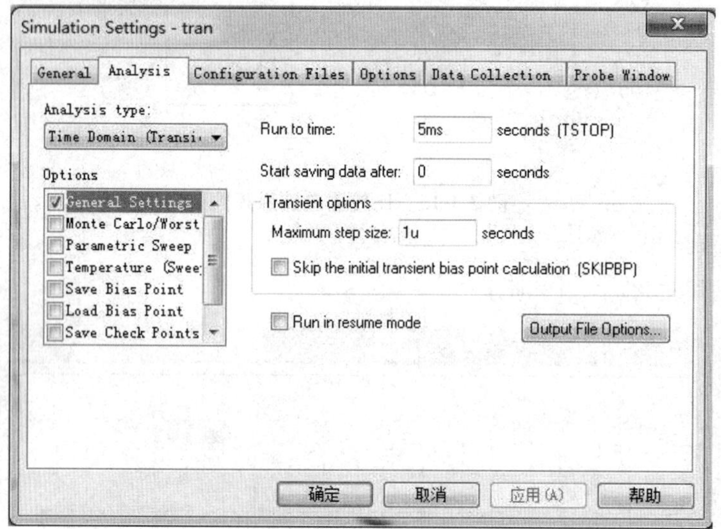

图 3-1-18　电源电路仿真文件

(3)仿真结果。

仿真结果如图 3-1-19 所示。

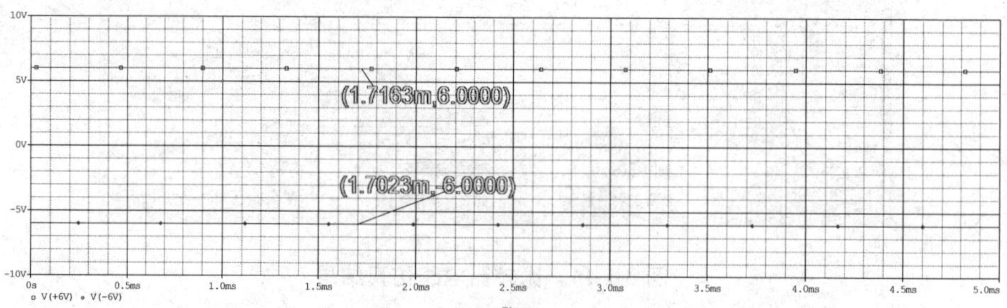

图 3-1-19　电源电路仿真结果

2. 三角波产生电路仿真

(1)仿真电路,如图 3-1-20 所示。

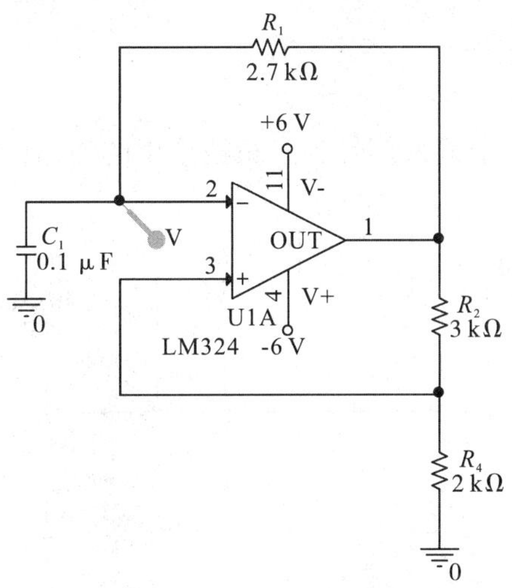

图 3-1-20　三角波产生电路原理图

(2)仿真文件,如图 3-1-21 所示。

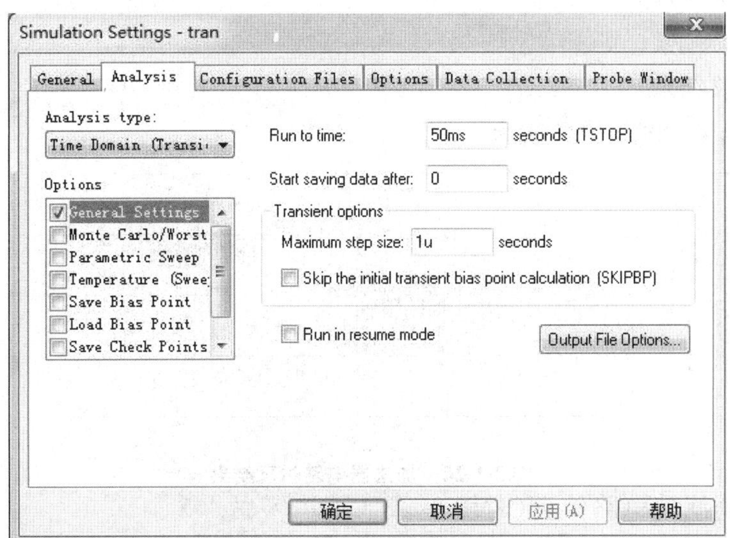

图 3-1-21　三角波产生电路仿真文件

(3)仿真结果,如图 3-1-22 所示。

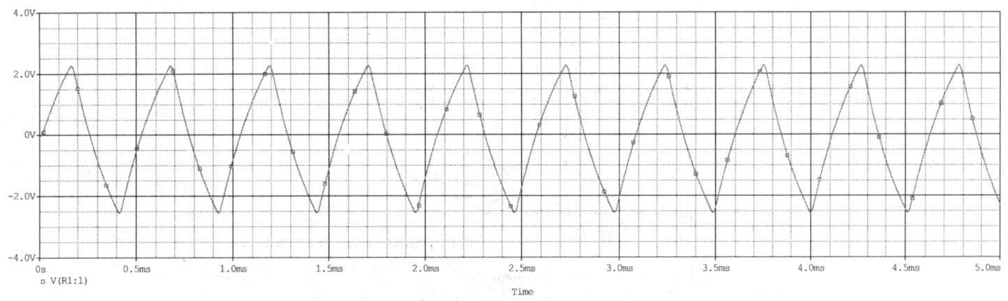

图 3-1-22　三角波产生电路仿真结果

3. 加法器电路仿真

(1)仿真电路。

加法电路中的另一个输入信号为三角波产生的输出信号,如图 3-1-23 所示。

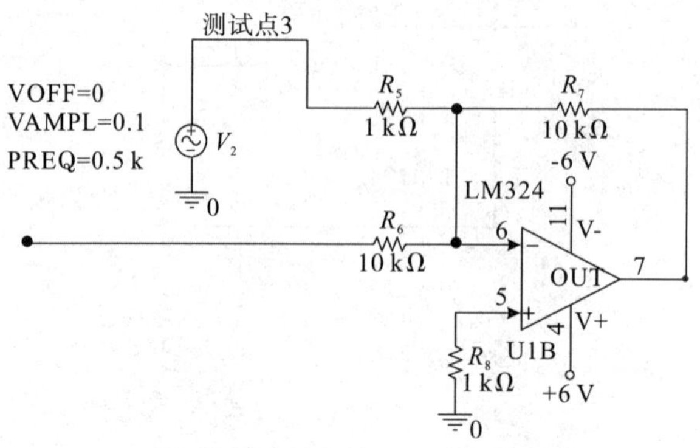

图 3-1-23　加法器电路原理图

(2)仿真文件。

同上。

(3)仿真结果。

仿真结果如图 3-1-24 所示。

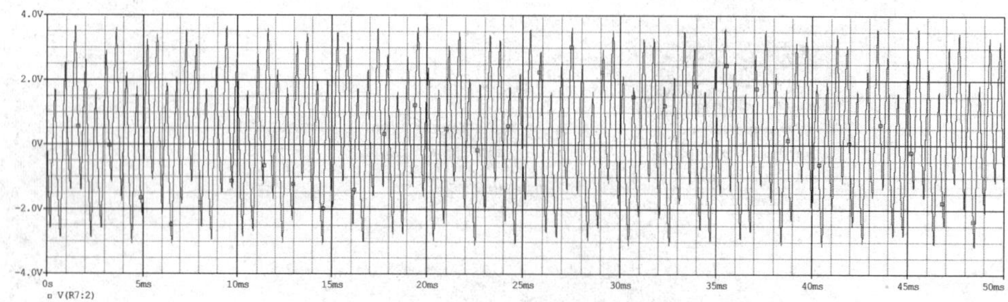

图 3-1-24　加法器电路仿真结果

4. 带通滤波电路仿真(时域)

(1)仿真电路。

电路的输入信号为加法器的输出信号,如图 3-1-25 所示。

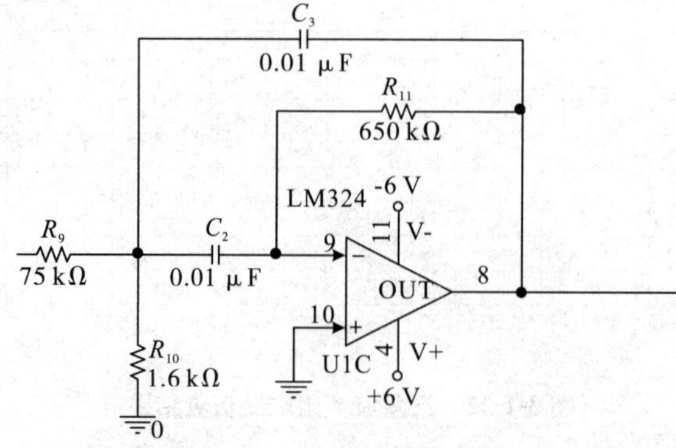

图 3-1-25　带通滤波电路原理图

(2)仿真文件。

同上。

(3)仿真结果。

仿真结果如图 3-1-26 所示。

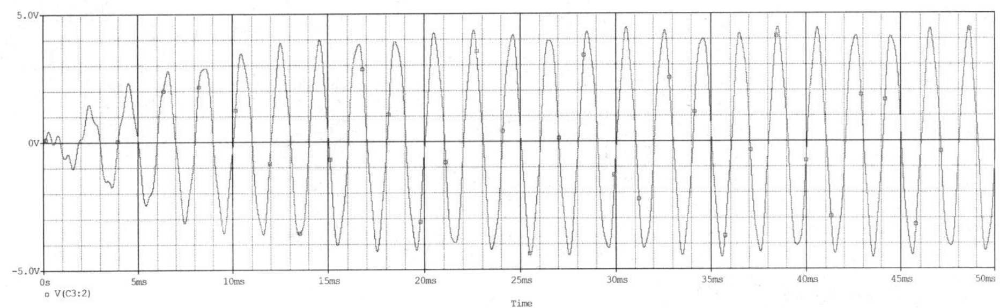

图 3-1-26　带通滤波电路仿真结果

5. 带通滤波电路仿真(频域)

(1)仿真电路(图 3-1-27)。

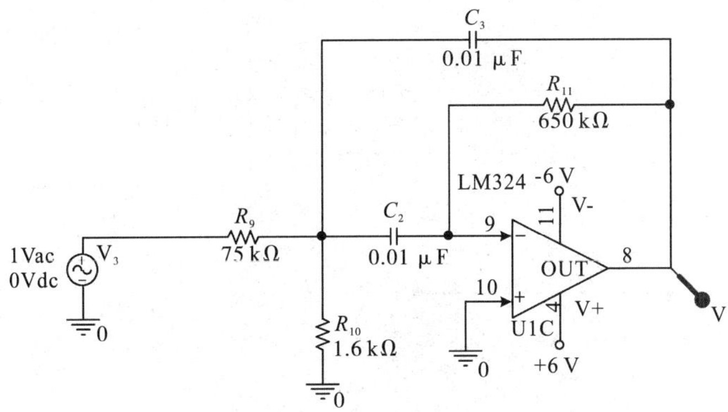

图 3-1-27　带通滤波电路(频域)原理图

(2)仿真文件(图 3-1-28)。

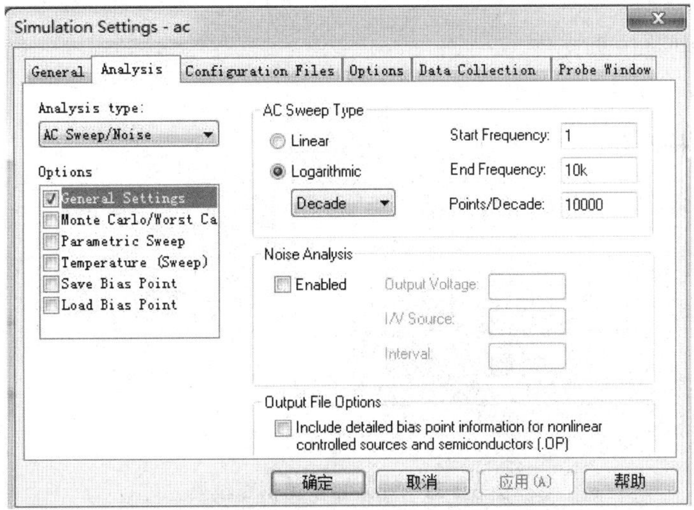

图 3-1-28　带通滤波电路(频域)仿真文件

(3)仿真结果。

仿真结果如图 3-1-29 所示。

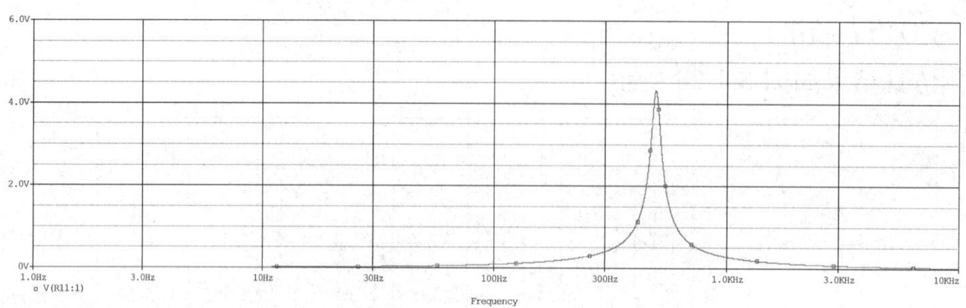

图 3-1-29　带通滤波电路(频域)仿真结果

6. 比较器电路仿真

(1)仿真电路。

比较器的两个输入端信号分别为滤波电路和三角波电路的输出信号,电路如图 3-1-30 所示。

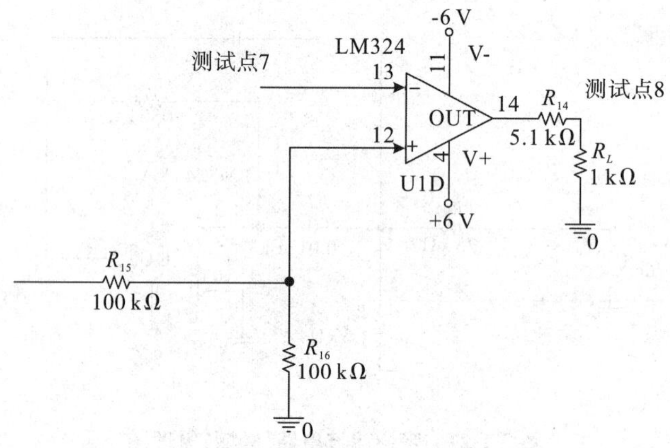

图 3-1-30　比较器电路原理图

(2)仿真文件。

同电源电路仿真文件。

(3)仿真结果。

仿真结果如图 3-1-31 所示。

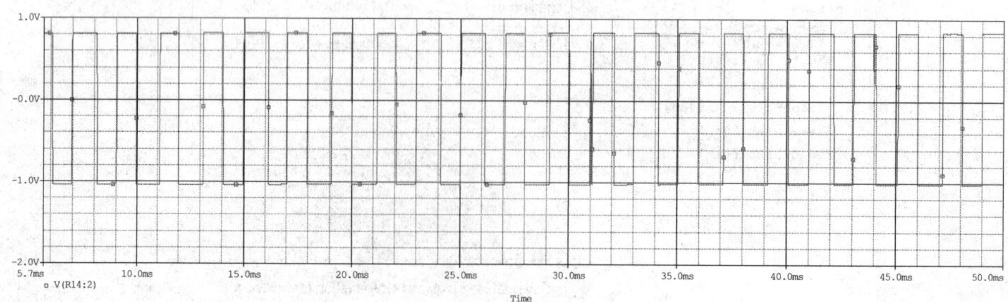

图 3-1-31　比较器电路仿真结果

3.1.5　LTspice 仿真过程

1. 电源电路

(1)仿真电路,如图 3-1-32 所示。

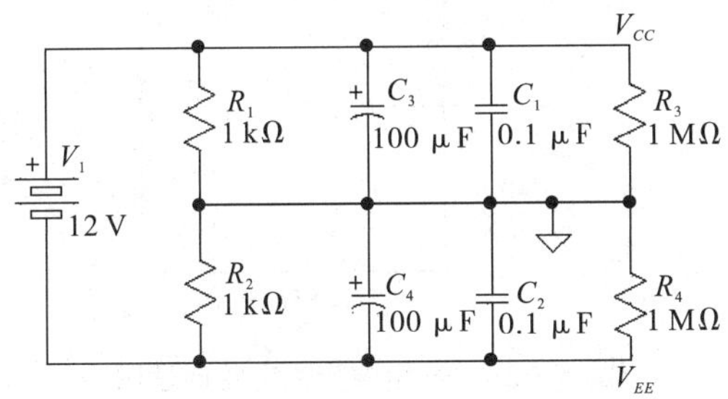

图 3-1-32　电源电路原理图

(2)仿真文件,如图 3-1-33 所示。

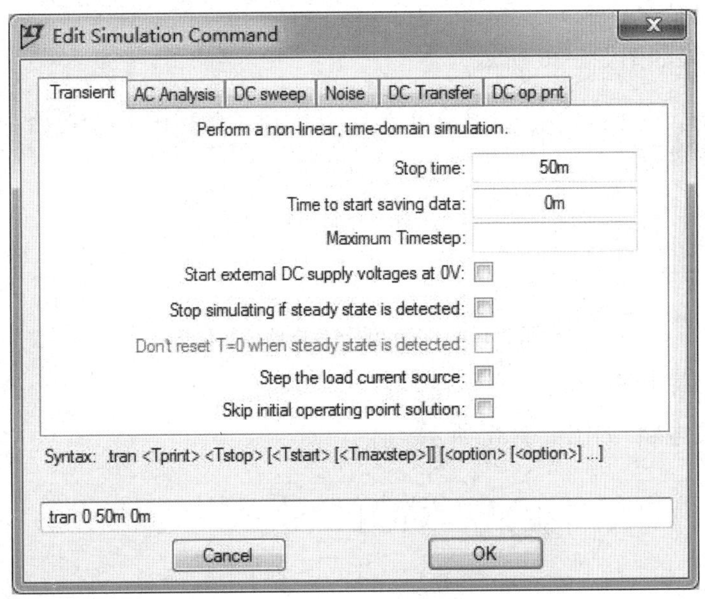

图 3-1-33　电源电路仿真文件

(3)仿真结果。

仿真结果如图 3-1-34 所示。

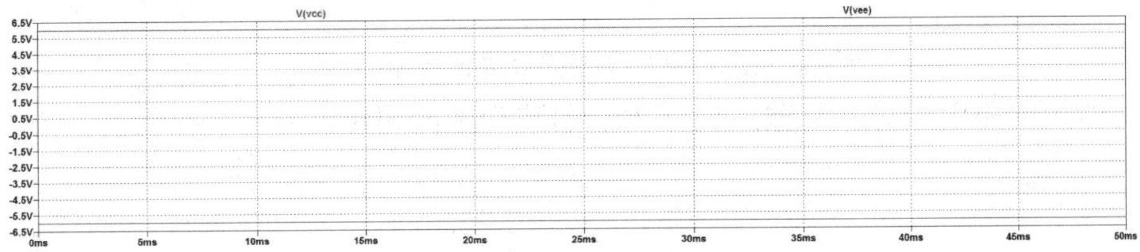

图 3-1-34　电源电路仿真结果

2. 三角波产生电路仿真

(1)仿真电路，如图 3-1-35 所示。

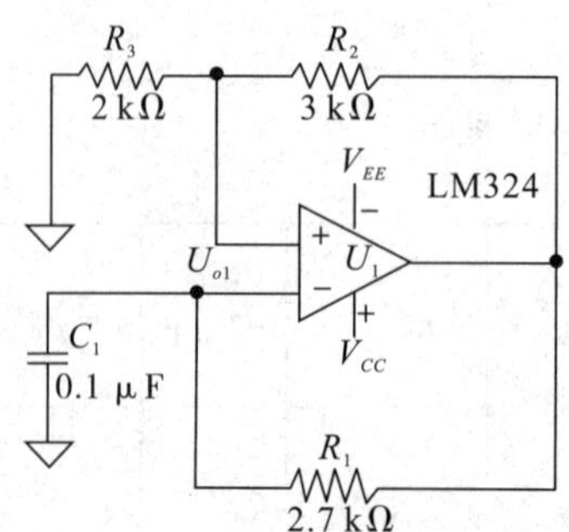

图 3-1-35　三角波产生电路原理图

(2)仿真文件。

同上。

(3)仿真结果。

仿真结果如图 3-1-36 所示。

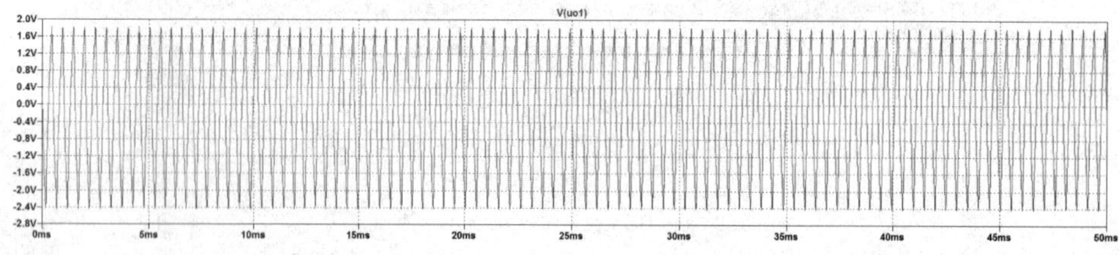

图 3-1-36　三角波产生电路仿真结果

3. 加法器电路仿真

(1)仿真电路，如图 3-1-37 所示。

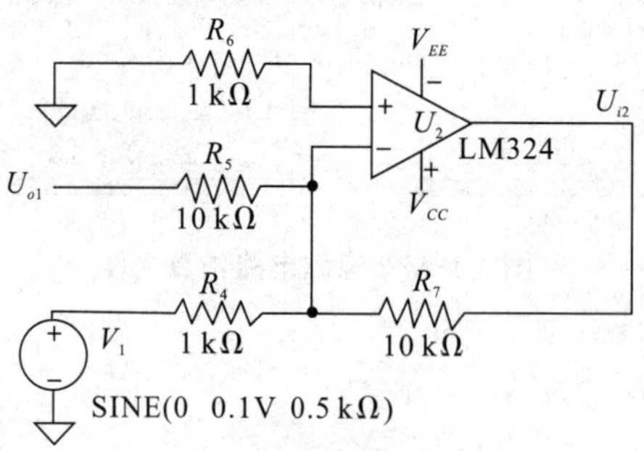

图 3-1-37　加法器电路原理图

加法电路中的另一个输入信号为三角波产生的输出信号。

(2)仿真文件。

同上。

(3)仿真结果。

仿真结果如图 3-1-38 所示。

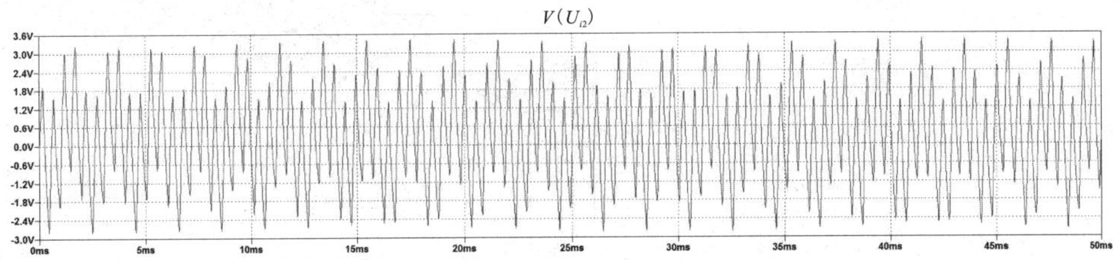

图 3-1-38　加法器电路仿真结果

4. 带通滤波电路仿真(时域)

(1)仿真电路,如图 3-1-39 所示。

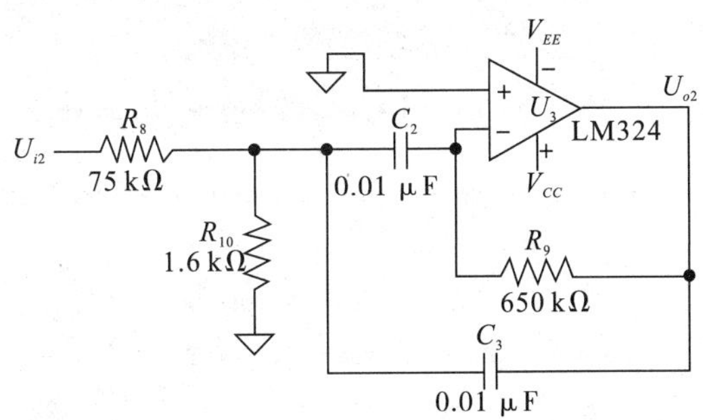

图 3-1-39　带通滤波电路原理图

电路的输入信号为加法器的输出信号。

(2)仿真文件。

同上。

(3)仿真结果。

仿真结果如图 3-1-40 所示。

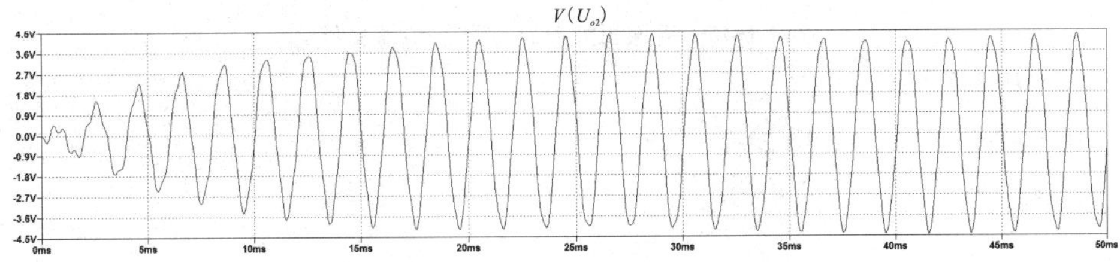

图 3-1-40　带通滤波电路仿真结果

5. 带通滤波电路仿真(频域)

(1)仿真电路,如图 3-1-41 所示。

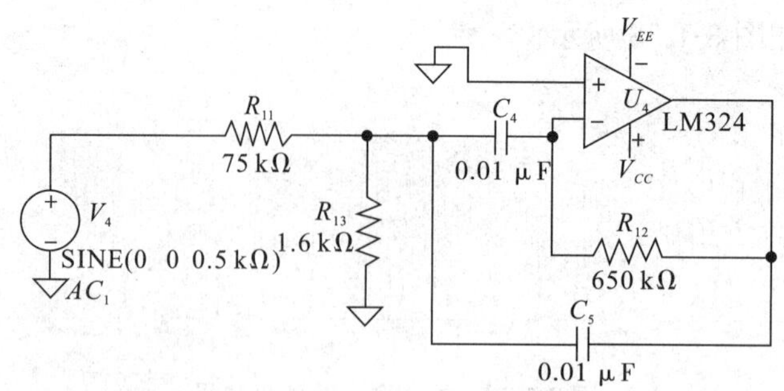

图 3-1-41 带通滤波电路(频域)原理图

(2)仿真文件,如图 3-1-42 所示。

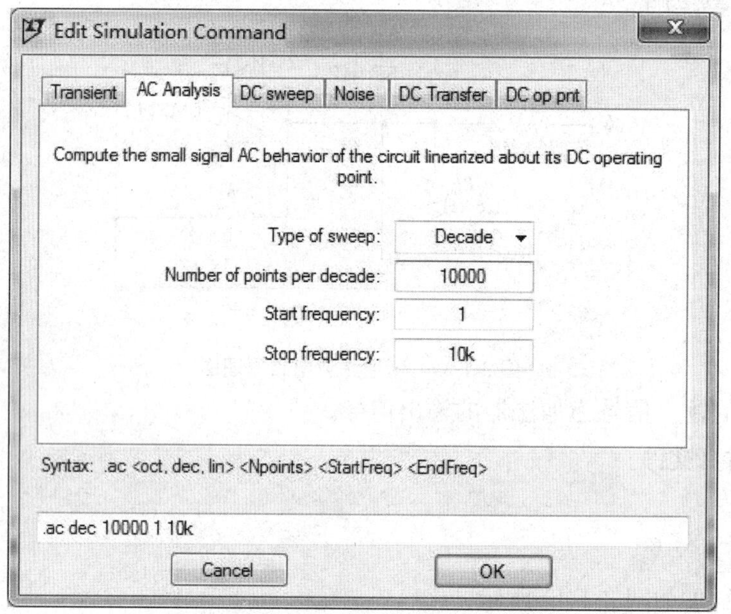

图 3-1-42 带通滤波电路(频域)仿真文件

(3)仿真结果。

仿真结果如图 3-1-43 所示。

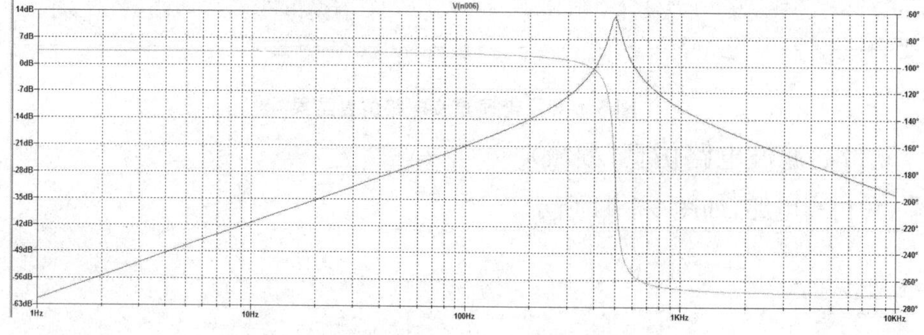

图 3-1-43 带通滤波电路(频域)仿真结果

6. 比较器电路仿真

(1)仿真电路。

比较器的两个输入端信号分别为滤波电路和三角波电路的输出信号,电路如图 3-1-44 所示。

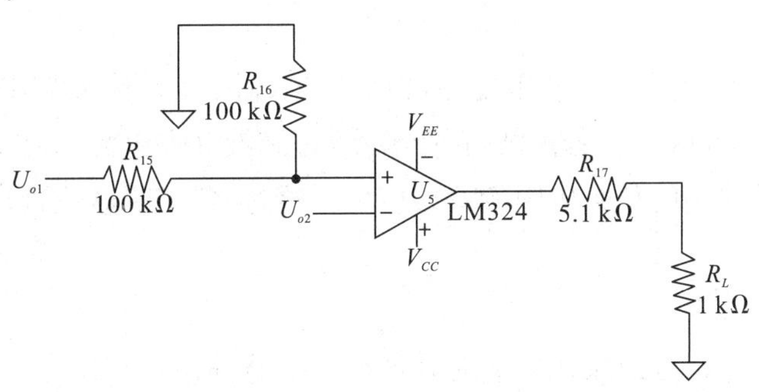

图 3-1-44　比较器电路原理图

(2)仿真文件。

同电源电路仿真文件。

(3)仿真结果。

仿真结果如图 3-1-45 所示。

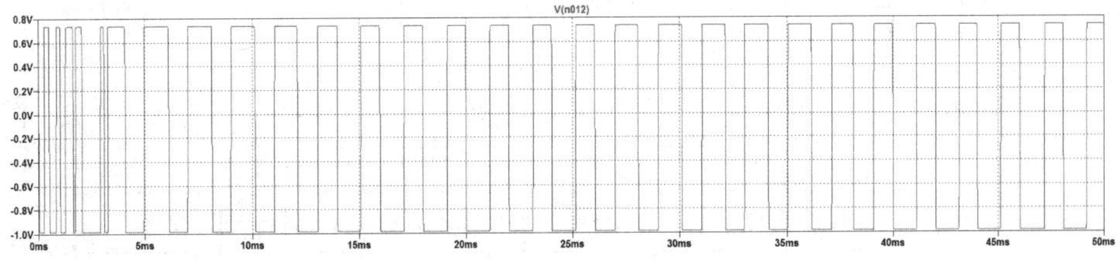

图 3-1-45　比较器电路仿真结果

3.2　2013 年全国电子设计大赛综合测评题仿真

3.2.1　题目

使用题目指定的综合测试板上的 555 芯片和一片通用四运放 324 芯片,设计制作一个频率可变的同时输出脉冲波、锯齿波、正弦波Ⅰ、正弦波Ⅱ的波形产生电路。给出设计方案、详细电路图和现场自测数据波形。

制作要求如下:

(1)同时四通道输出、每通道输出脉冲波、锯齿波、正弦波Ⅰ、正弦波Ⅱ中的一种波形,每通道输出的负载电阻均为 600 Ω。

(2)四种波形的频率关系为 1∶1∶1∶3(3 次谐波):脉冲波、锯齿波、正弦波

Ⅰ输出频率范围为8～10 kHz，输出电压幅度峰峰值为1 V；正弦波Ⅱ输出频率范围为24～30 kHz，输出电压幅度峰峰值为9 V；脉冲波、锯齿波和正弦波输出波形应无明显失真(使用示波器测量时)。

频率误差不大于10%；通带内输出电压幅度峰峰值误差不大于5%。脉冲波占空比可调整。

(3)电源只能选用＋10 V单电源，由稳压电源供给。不得使用额外电源。

(4)要求预留脉冲波、锯齿波、正弦波Ⅰ、正弦波Ⅱ和电源的测试端子。

(5)每通道输出的负载电阻600 Ω应标示清楚，置于明显位置，便于检查。

3.2.2 题目分析

根据题目要求，可以采用555芯片产生一个脉冲波。利用555芯片产生脉冲波的同时，也可以产生一个三角波或锯齿波，对这个波形进行适当的整形，即可生成题目要求的三角波或锯齿波。然后利用低通滤波器和带通滤波器对产生的三角波或锯齿波进行滤波，可以只保留其中的基波分量或3次谐波分量，即可产生题目要求的正弦波。系统的原理框图如图3-2-1所示。

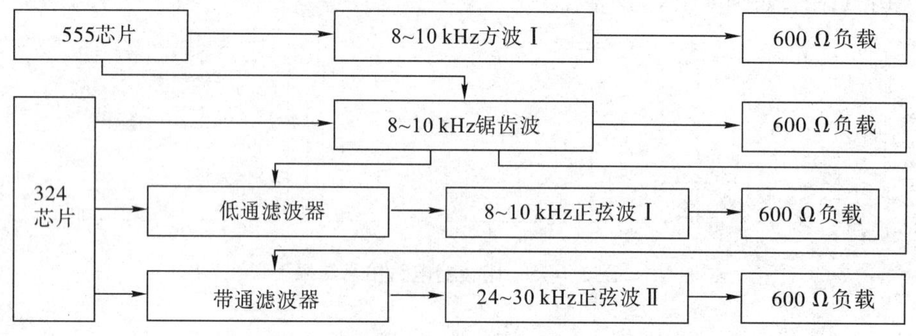

图3-2-1　系统的原理框图

3.2.3 电源电路仿真

1.仿真电路

采用两个电阻分压，产生正负电源，设计电路如图3-2-2所示。

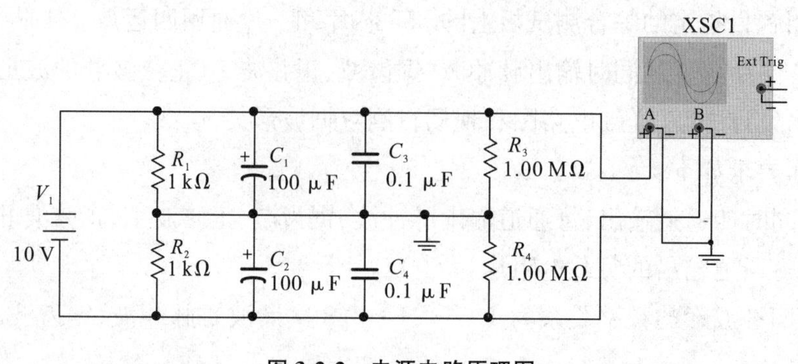

图3-2-2　电源电路原理图

2. 仿真结果

电源电路仿真结果如图 3-2-3 所示。

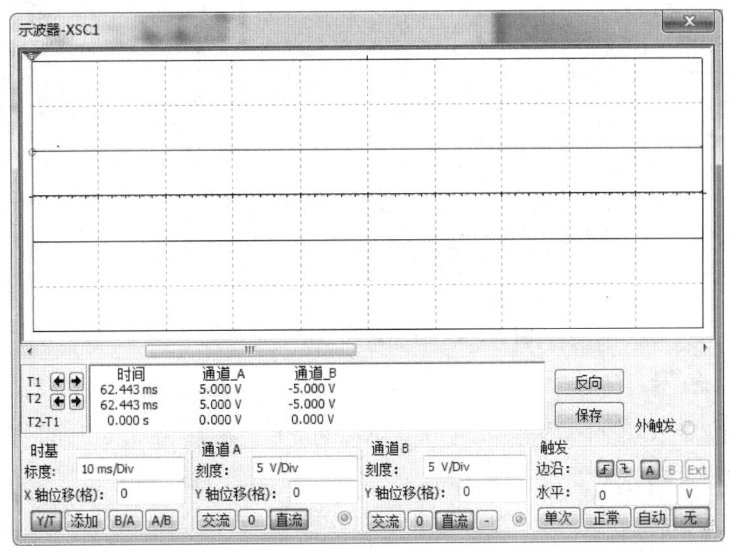

图 3-2-3　电源电路仿真结果

3.2.4　脉冲波产生电路仿真

1. 仿真电路

采用 555 设计一个多谐振荡器，振荡频率根据题目要求为 8～10 kHz。由于方波的占空比为 50%，因此充放电时间常数相同，方波的周期为 $T=0.693(R_1+R_2+2R_p)C_1$，振荡频率为

$$f=\frac{1}{T}=\frac{1.44}{(R_1+R_2+2R_p)C_1}$$

$R_1=R_2$ 时充放电两条支路的时间常数相等，因此产生的为方波。根据频率范围要求，若取电容值为 0.01 μF，根据频率范围 8～10 kHz，可得出电阻 $R_1+R_2+2R_p$ 的取值范围为 14.4～18 kΩ。当频率为 8 kHz 时，$R_1+R_2+2R_p=18$ kΩ，忽略 R_1 和 R_2 则有电位器 $2R_p\approx18$ kΩ，于是有 $R_p\approx9$ kΩ；当频率为10 kHz 时，$R_1+R_2+2R_p=14.4$ kΩ，忽略 R_1 和 R_2 则有电位器 $2R_p\approx14.4$ kΩ，于是可得 $R_p\approx7.2$ kΩ。设计电路时考虑到充电电路有电源经电位器给电容充电，为避免电容与电源直接短接，选择一个 10 kΩ 的电位器串联一个小电阻 500 Ω 替代 R_1，以便于调节生成锯齿波；放电电路是由电容经电位器和 555 内部的三极管对地放电，导通时 555 内部电阻很小，但是为了易于起振，选择 $R_2=50$ Ω，也可以忽略；选用一个 10 kΩ 的电位器作为 R_p。这样设计可以实现频率范围要求同时，通过调节电位器实现频率改变。当确保 $R_p\gg R_1$ 时，可以输出近似方波，设计电路如图 3-2-4 所示。

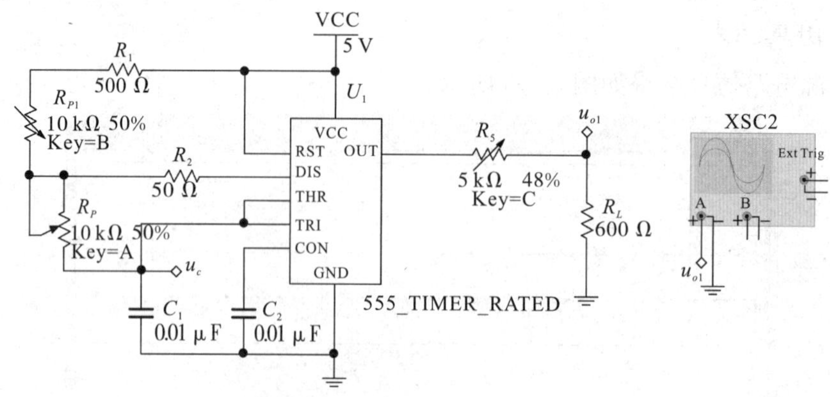

图 3-2-4　脉冲波产生电路原理图

2. 仿真结果

(1)电位器 R_P 的 SET 参数为 0.5,R_{P1} 的 SET 参数为 0.5 时的仿真结果(时域),如图 3-2-5 所示。

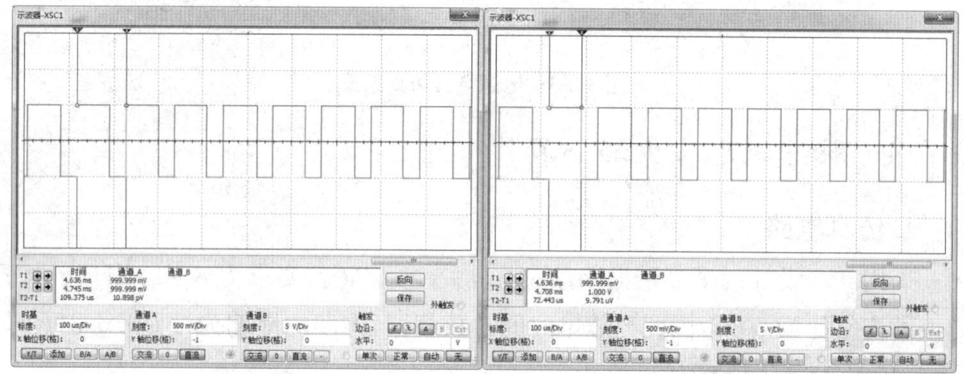

图 3-2-5　脉冲波产生电路周期及正脉冲测量仿真结果(SET 参数为 0.5 和 0.5,时域)

(2)电位器的 SET 参数为 0.5,R_{P1} 的 SET 参数为 0.65 时的仿真结果(频域)如图 3-2-6 所示。

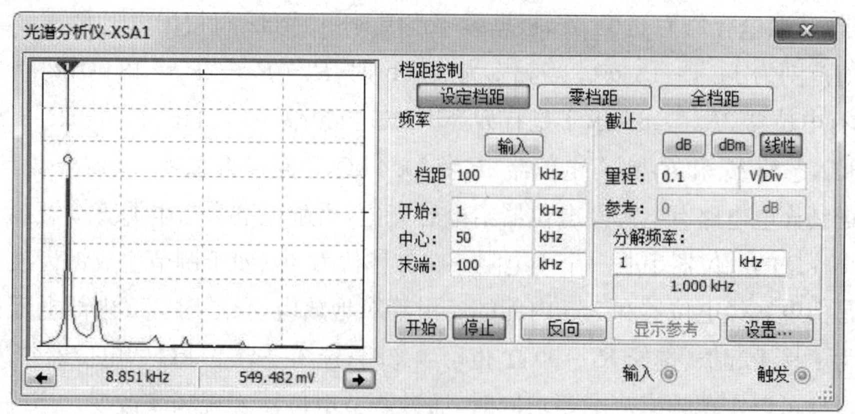

图 3-2-6　脉冲波产生电路仿真结果(SET 参数为 0.5,频域)

(3)电位器 R_P 的 SET 参数为 0,R_{P1} 的 SET 参数为 0.65 时的仿真结果(时域)如图 3-2-7 所示。

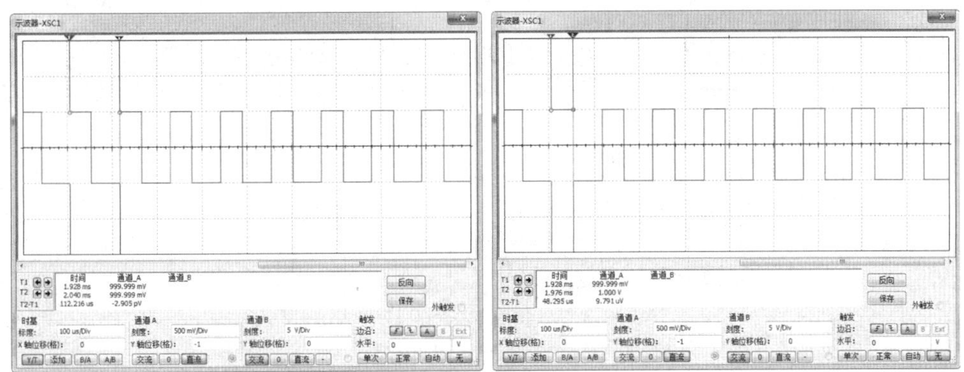

图 3-2-7　脉冲波产生电路周期及正脉冲测量仿真结果(SET 参数为 0 和 0.65,时域)

(4)电位器 R_P 的 SET 参数为 1,R_{P1} 的 SET 参数为 0.3 时的仿真结果(时域)如图 3-2-8 所示。

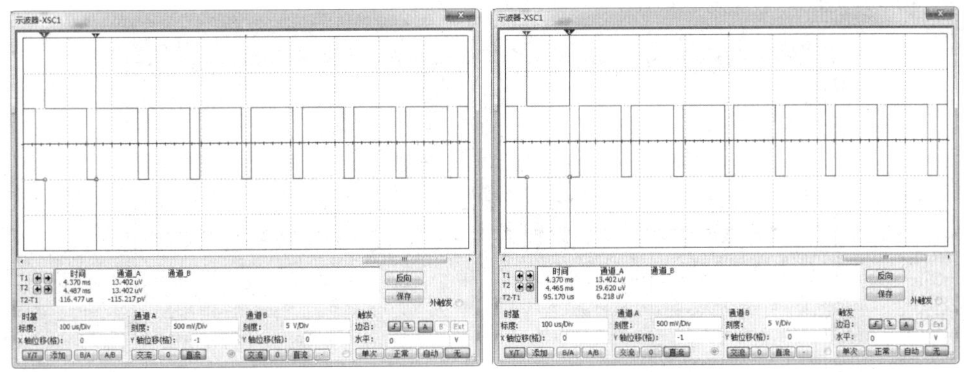

图 3-2-8　脉冲波产生电路周期及正脉冲测量仿真结果(SET 参数为 1 和 0.3,时域)

3.2.5　锯齿波产生电路仿真

1.仿真电路

锯齿波的实现方法有多种,最常见的是采用二极管电路使充放电电路时间常数不同,从而产生锯齿波。这里考虑到它的频率与 555 多谐振荡器产生的脉冲波频率相同,因此可以采用多谐振荡器中的 RC 充放电电路,调节其中的电位器 R_{p1} 和 R_p,使得充放电时间常数不同,从而产生锯齿波。为了避免后面负载对锯齿波的影响,采用单运放构建跟随器,以增强驱动能力。锯齿波的充电时间和放电时间分别为

$$t_1 = 0.693(R_1 + R_{P1} + R_p)C$$

$$t_2 = 0.693 R_p C$$

其中$R_1+R_{P1}+R_p$和R_p分别表示充放电电路中的等效电阻。图3-2-9中电路产生的锯齿波频率为

$$f=\frac{1}{T}=\frac{1}{t_1+t_2}=\frac{1}{0.693(R_1+R_{p1}+2R_p)C_2}。$$

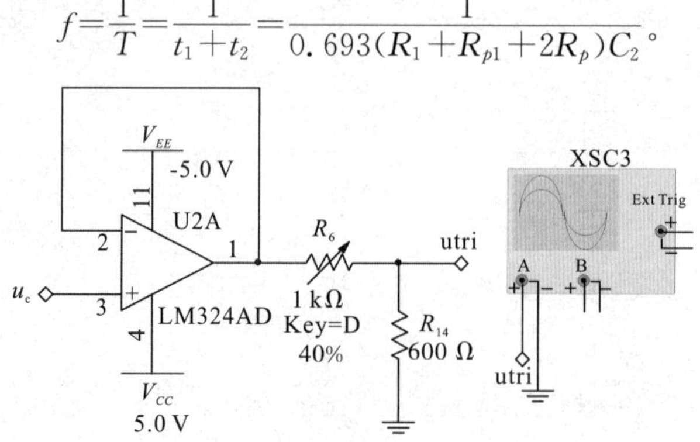

图3-2-9　锯齿波产生电路原理图

2. 仿真结果

仿真结果如图3-2-10所示。

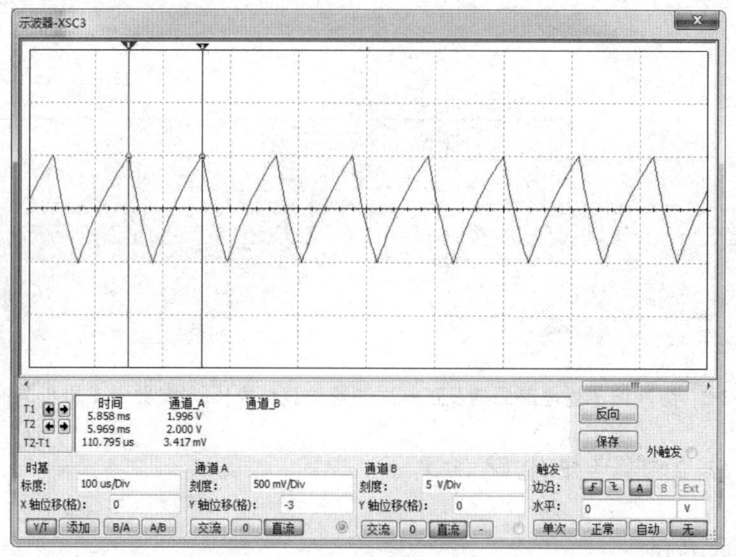

图3-2-10　锯齿波产生电路仿真结果

3.2.6　正弦波Ⅰ电路仿真

1. 仿真电路

题目要求产生频率范围为8～10 kHz、峰峰值为1 V的正弦波Ⅰ信号。产生方法有多种，如RC正弦波振荡器、脉冲波或锯齿波经带通滤波器输出满足要求的正弦波。

从前面产生的波形中提取出相应频率的波形，需要明确该频率谐波在输入波

形中的成分。这里对矩形波、三角波和锯齿波进行傅里叶级数展开，表达式如下：

$$u_{\text{rect}}=\frac{\tau U_m}{T}+\frac{2U_m}{\pi}\left(\sin\frac{\tau\pi}{T}\cos\omega_1 t+\frac{1}{2}\sin\frac{2\tau\pi}{T}\cos 2\omega_1 t+\frac{1}{3}\sin\frac{3\tau\pi}{T}\cos 3\omega_1 t+\cdots\right)$$

$$u_{\text{triangle}}=\frac{8U_m}{\pi^2}\left(\sin\omega_1 t-\frac{1}{9}\sin 3\omega_1 t+\frac{1}{25}\sin 5\omega_1 t+\cdots\right)$$

$$u_{\text{zigzag}}=\frac{U_m}{\pi}\left(\sin\omega_1 t-\frac{1}{2}\sin 2\omega_1 t+\frac{1}{3}\sin 3\omega_1 t+\cdots\right)$$

由上面的表达式可知，矩形波各次谐波分量都需要乘上一个正弦因子，而三角波则没有，且只有奇数次谐波分量，因此，三角波中各次谐波分量比矩形波中相应分量要大。为了获得基波分量，可以将三角波经低通滤波来获得。

选用 MFB 低通滤波电路，如图 3-2-11 所示。由频率范围及三角波的基波分量可算得 $f_0=9\ \text{kHz}$，$Q=\frac{f_0}{f_H-f_L}=4.5$，$A_m=-\frac{\pi^2}{8}$，于是按照以下步骤依次确定各元件参数。同时，考虑频率范围和计算方便，这里首先确定 $C_8=1\text{nF}$。参数确定步骤如下：

(1)$R_{20}=\dfrac{1\mp\sqrt{\dfrac{1+4(A_m-1)C_8Q^2}{C_3}}}{(1-A_m)4\pi f_0C_8Q}$；

(2)$R_{18}=\dfrac{1}{4\pi^2 f_0C_1C_2R_3}$；

(3)$R_{13}=-\dfrac{R_2}{A_m}$。

实际仿真时，设定 $A_m=-3\pi$，并采用电位器对后面的输出进行分压，以确保输出峰峰值为 1 V。计算得到的各参数结果为 $R_{20}=262.8\ \Omega$，计算过程中为确保有效选择 $C_3=1\ \mu\text{F}$，$R_{18}=1189\ \Omega$，$R_{13}=126.2\ \Omega$。设计电路如图 3-2-11 所示。

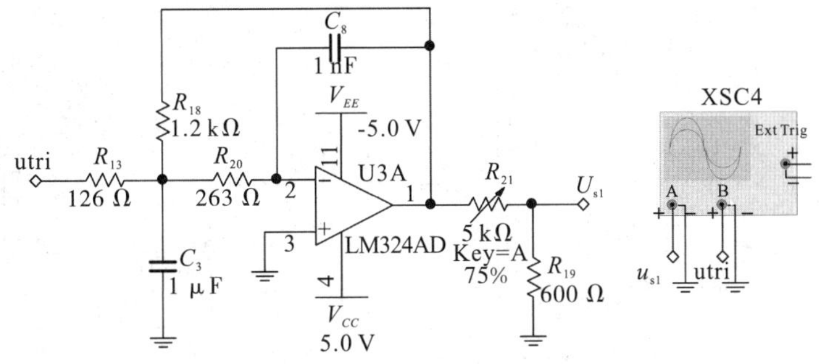

图 3-2-11　正弦波 I 电路原理图

2. 仿真结果

滤波电路输出的正弦波如图 3-2-12 所示。

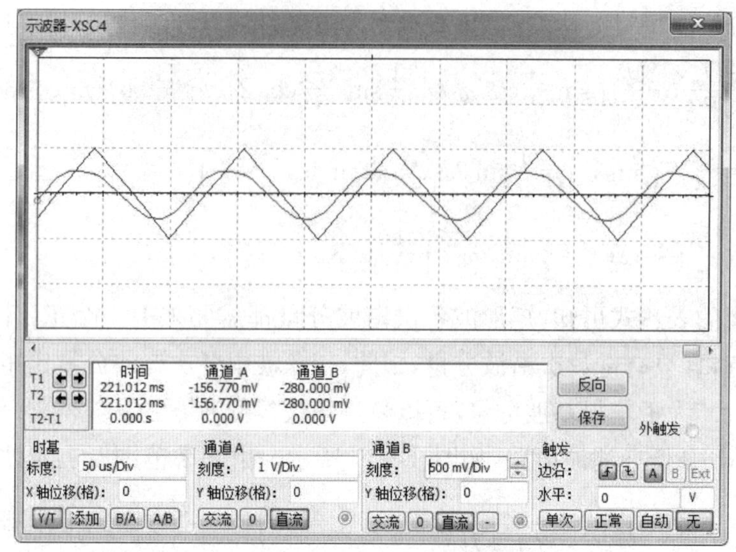

图 3-2-12　正弦波 I 电路仿真结果

3.2.7　正弦波Ⅱ电路仿真

1. 仿真电路

正弦波Ⅱ峰峰值为 9 V，频率范围为 24～30 kHz，滤波器设计选用 SK 改进型带通滤波电路。由频率范围及三角波的基波分量可算得 $f_0=27$ kHz，$Q=\dfrac{f_0}{f_H-f_L}=4.5$，$A_m=-\dfrac{81\pi^2}{8}$。为了方便设计，选定 $C_{31}=C_{32}=1$ nF，$R_{31}=R_{32}=R$，则 $R_{33}=2R$，$R=-\dfrac{1}{2\pi f_0 C}$。实际仿真时，通过采用电位器调节 R_{31}、R_{32}、R_{33} 来实现输出需要，R_{33} 可实现对输出信号频率的粗调。设计电路如图 3-2-13 所示。

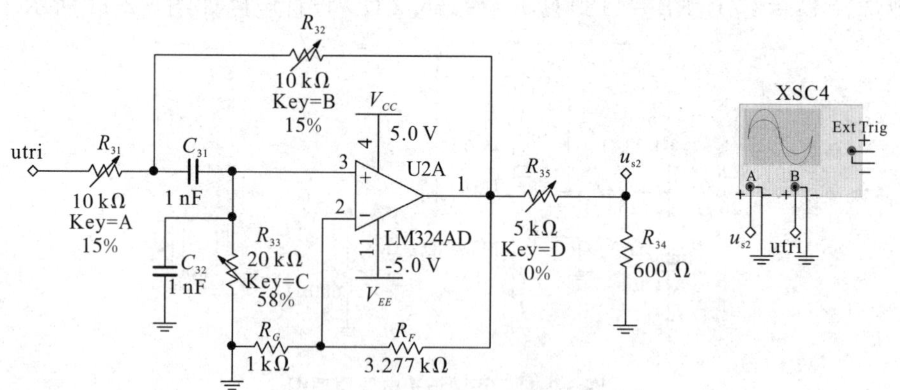

图 3-2-13　正弦波 II 电路原理图

2. 仿真结果

滤波电路(3 次谐波)输出的正弦波如图 3-2-14 所示。

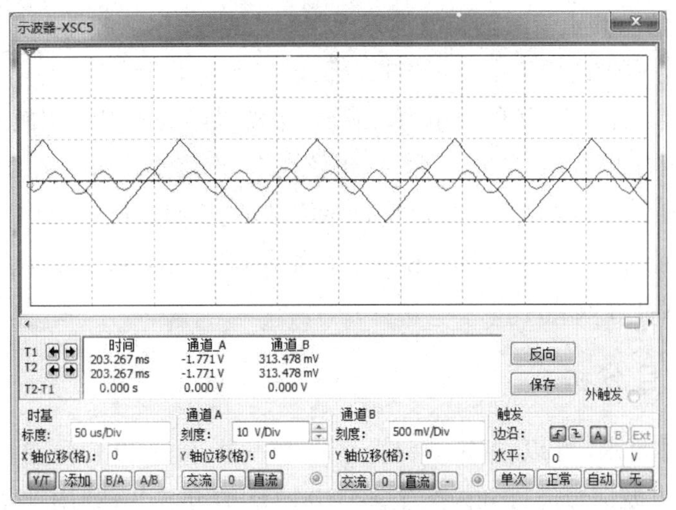

图 3-2-14　正弦波 II 电路仿真结果

3.3　2015 年全国电子设计大赛综合评测题仿真

3.3.1　题目

使用题目指定的综合测试板上的 555 芯片、74LS74 芯片和一片通用四运放 324 芯片，设计制作一个频率可变的可输出方波Ⅰ、方波Ⅱ、三角波、正弦波Ⅰ、正弦波Ⅱ的多种波形产生电路。给出方案设计、详细电路图和现场自测数据波形。

制作要求如下：

使用 555 时基电路产生频率为 20～50 kHz 的方波作为信号源；利用此方波Ⅰ，可在四个通道输出 4 种波形：每通道输出方波Ⅱ、三角波、正弦波Ⅰ、正弦波Ⅱ中的一种波形，每通道输出的负载电阻均为 600 Ω。

五种波形的设计要求：

(1)使用 555 时基电路，产生频率为 20～50 kHz 连续可调，输出电压幅度为 1 V的方波Ⅰ。

(2)使用数字电路 74LS74，产生频率为 5～10 kHz 连续可调，输出电压幅度峰峰值为 1 V 的方波Ⅱ。

(3)使用数字电路 74LS74，产生频率为 5～10 kHz 连续可调，输出电压幅度峰峰值为 3 V 的三角波。

(4)产生输出频率为 20～30 kHz 连续可调，输出电压幅度峰峰值为 3 V 的正弦波Ⅰ。

(5)产生输出频率为 250 kHz，输出电压幅度峰峰值为 8 V 的正弦波Ⅱ。

方波、三角波和正弦波输出波形应无明显失真(使用示波器测量时)。频率误差不大于 5%;通带内输出电压幅度峰峰值误差不大于 5%。

电源只能选用+10 V 的单电源,由稳压电源供给。不得使用额外电源。

要求预留方波Ⅰ、方波Ⅱ、三角波、正弦波Ⅰ、正弦波Ⅱ和电源的测试端子。

每通道输出的负载电阻 600 Ω 应标示清楚,置于明显位置,便于检查。

注意:不能外加 555、74LS74 和 324 芯片,不能使用除综合测试版上的芯片以外的其他任何器件或芯片。

3.3.2 题目分析

根据题目要求,可以采用 555 芯片产生一个 20～50 kHz 的方波Ⅰ;利用 74LS74 对此方波信号进行分频产生 5～10 kHz 的方波Ⅱ;利用 324 芯片设计出积分电路对方波Ⅱ进行积分产生三角波;利用 324 芯片设计出带通滤波器对方波Ⅰ滤波,产生正弦波Ⅰ和正弦波Ⅱ。系统的原理框图如图 3-3-1 所示。

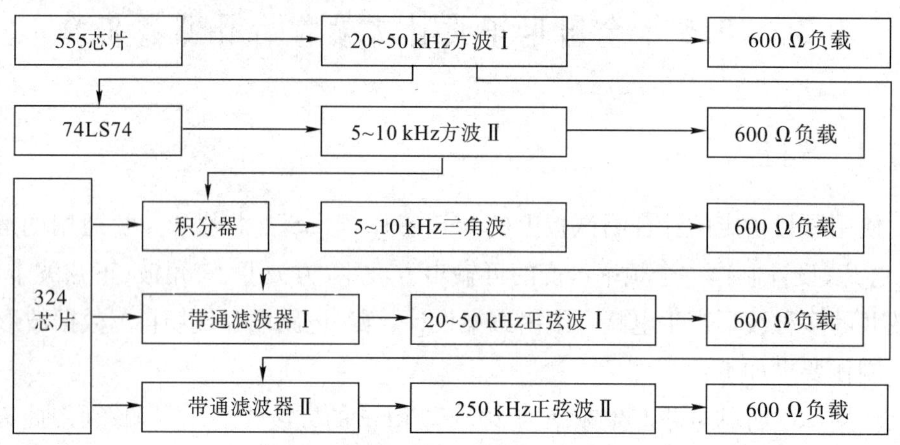

图 3-3-1　系统框架图

3.3.3 电源电路仿真

1. 仿真电路

采用两个电阻分压,产生正负电源,设计电路如图 3-3-2 所示。

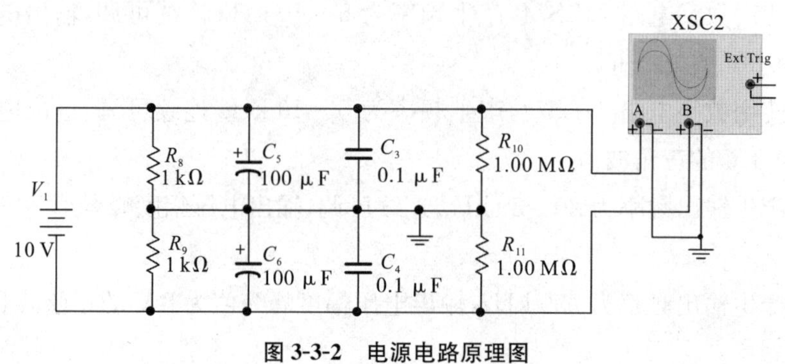

图 3-3-2　电源电路原理图

2. 仿真结果

电源电路仿真结果如图 3-3-3 所示。

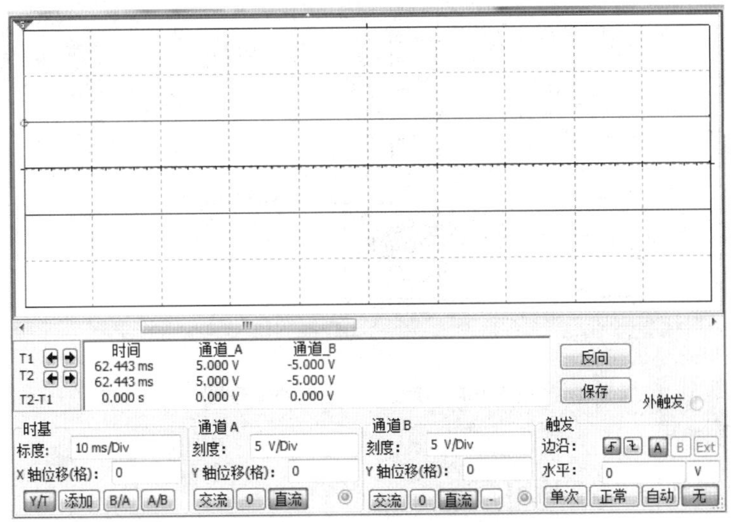

图 3-3-3　电源电路仿真结果

3.3.4　方波Ⅰ产生电路仿真

1. 仿真电路

采用 555 构成多谐振荡器，根据题目要求产生频率为 20～50 kHz 连续可调且幅度为 1 V 的方波。由于方波的占空比为 50%，因此充放电时间常数相同，而为了能够调节频率，可以在充放电公共支路中连接一个可调节大小的电位器。方波的周期为 $T=0.693(R_1+R_2+2R_p)C_1$，振荡频率为

$$f=\frac{1}{T}=\frac{1.44}{(R_1+R_2+2R_p)C_1}。$$

$R_1=R_2$ 时，充放电两条支路的时间常数相等，因此，产生的为方波。根据频率范围要求，若取电容值为 0.01 μF，则计算可得 $R_1+R_2+2R_p$ 的值范围为 2886～7215 Ω。设计电路时，考虑到放电电路内部存在电阻，选择一个 1 kΩ 的电位器分别串联一个小电阻 500 Ω 和 100 Ω 来替代 R_1 和 R_2，选用一个 10 kΩ 的电位器作为 R_p。这样设计可以实现超过 20～50 kHz 范围的频率，以及通过调节电位器来实现频率改变，并当确保 $R_p \gg R_1$ 时输出近似方波，设计电路如图 3-3-4 所示。

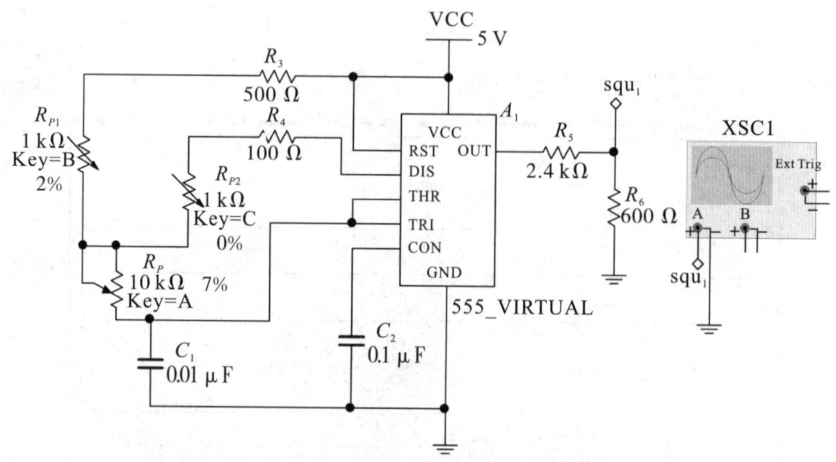

图 3-3-4 方波Ⅰ产生电路原理图

2. 仿真结果

仿真结果如图 3-3-5 所示。

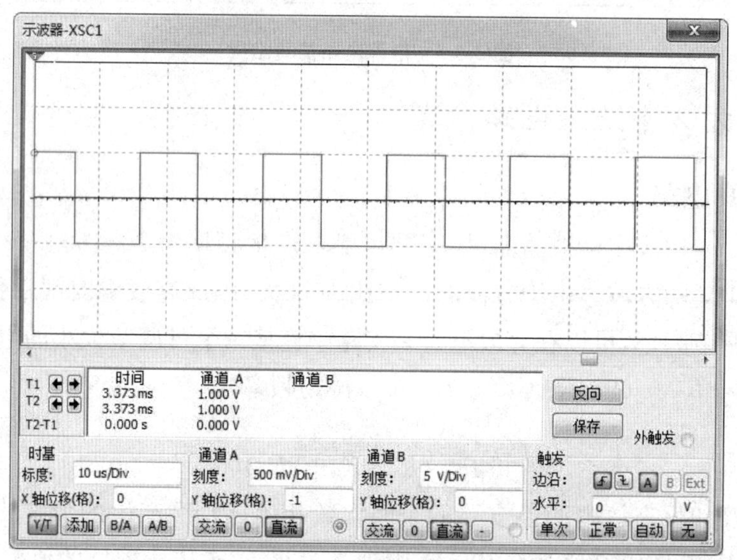

图 3-3-5 方波Ⅰ产生电路仿真结果

3.3.5 方波Ⅱ产生电路仿真

1. 仿真电路

题目要求使用数字电路 74LS74，产生频率为 5～10 kHz 连续可调，输出电压幅度峰峰值为 1 V 的方波。74LS74 是一种双上升沿 D 触发器芯片。将 D 触发器的 $\overline{Q}$ 端接到输入端 D 即可实现二分频，D 触发器的特性如表 3-3-1 所示，二分频电路及状态波形如图 3-3-6 所示。

特性方程：$Q_{n+1}=D$

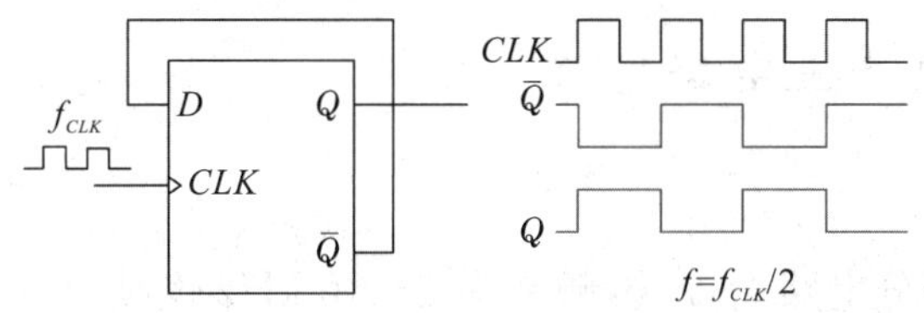

图 3-3-6　二分频电路及状态波形图

为了获得 5～10 kHz 的频率范围，对 20～50 kHz 范围的方波信号进行两次二分频，电路如图 3-3-7 所示。

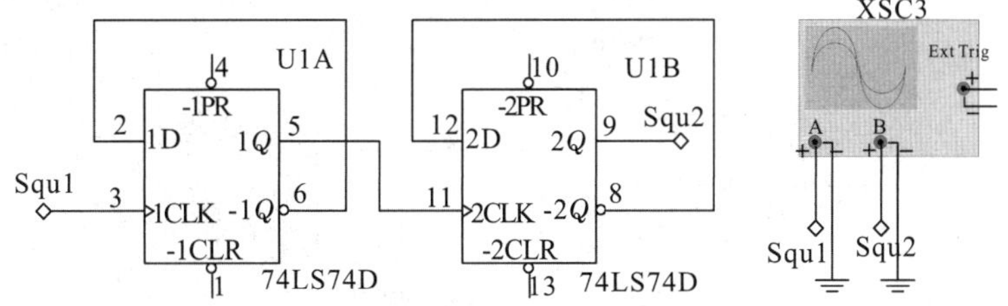

图 3-3-7　方波Ⅱ产生电路原理图

表 3-3-1　*D* 触发器特性表

输入 D	当前状态 Q_{n+1}	次态 Q_{n+1}	CLK 触发方式
0	0	0	↑
0	1	0	↑
1	0	1	↑
1	1	1	↑

2. 仿真结果

仿真结果如图 3-3-8 所示。

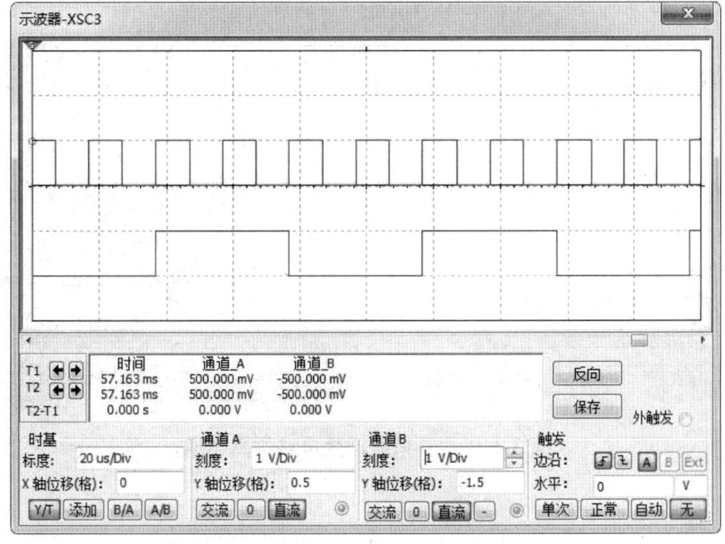

图 3-3-8　方波Ⅱ产生电路仿真结果

3.3.6 三角波产生电路仿真

1. 仿真电路

将方波经过积分电路后，产生频率为 5～10 kHz 连续可调，输出电压幅度峰峰值为 3 V 的三角波，设计电路如图 3-3-9 所示。在方波的作用下，电容近似恒流充电。根据“虚短”和“虚断”以及电路的基本定律，可以写出输出电压和输入电压的关系式。

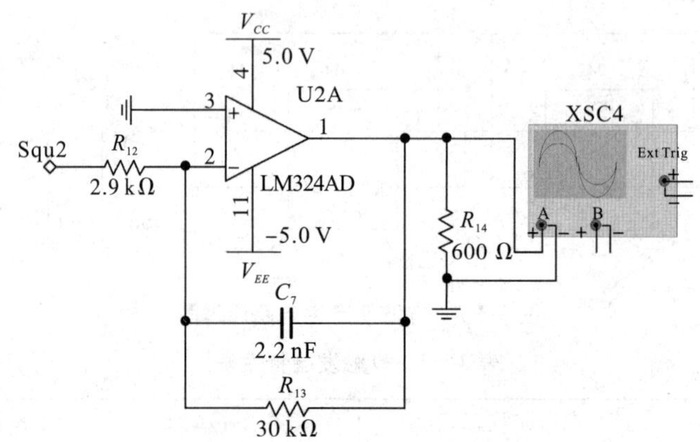

图 3-3-9 三角波产生电路原理图

2. 仿真结果

电路输出的三角波如图 3-3-10 所示。

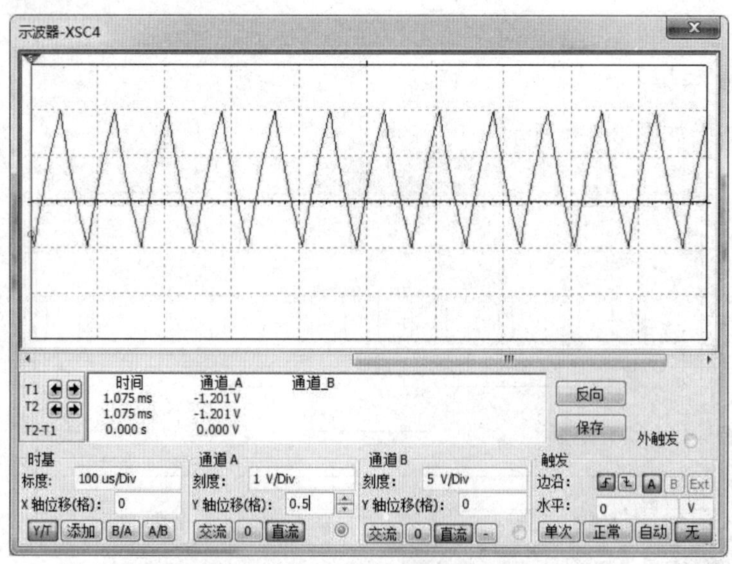

图 3-3-10 三角波产生电路仿真结果

3.3.7　正弦波Ⅰ产生电路仿真

1. 仿真电路

将频率范围为 20～50 kHz,峰峰值为 1 V 的方波经带通滤波器,输出满足频率范围为 20～30 kHz,峰峰值为 3 V 的正弦波Ⅰ信号。方波傅里叶级数展开如下

$$u_{square}=\frac{4U_m}{\pi}\left(\sin\omega_1 t+\frac{1}{3}\sin 3\omega_1 t+\frac{1}{5}\sin 5\omega_1 t+\cdots\right)$$

方波输入 $U_m=0.5$ V,五次谐波 $U_{5m}=\frac{4U_m}{5\pi}=\frac{2}{5\pi}$V,输出正弦波 2 的 $U_{\sin 2m}=$ 4 V,因此中频放大倍数 $A_m=10\ \pi$V。

采用 SK 易用型窄带通滤波电路,为简化设计元件参数,设定 $R_{21}=R_{22}=R$,$C_{21}=C_{22}=C$。根据中心频率 f_0、峰值增益 A_m、品质因数 Q,按下列步骤计算并选择电路参数:

(1)选择两个相等的电容(0.1～1 nF)。

(2)计算 $R=\frac{1}{2\pi f_0 C}$。

(3)$R_{23}=2R$。

根据所选电容值的不同,计算结果如下:

C/nF		0.1	0.47	0.68	0.75	1
R/Ω	20 kHz	79577	16931	11703	10610	7958
	50 kHz	31830	6773	4681	4244	3183

选择 $C=750$ pF,采用电位器以便于调节,取值如图 3-3-11 所示。

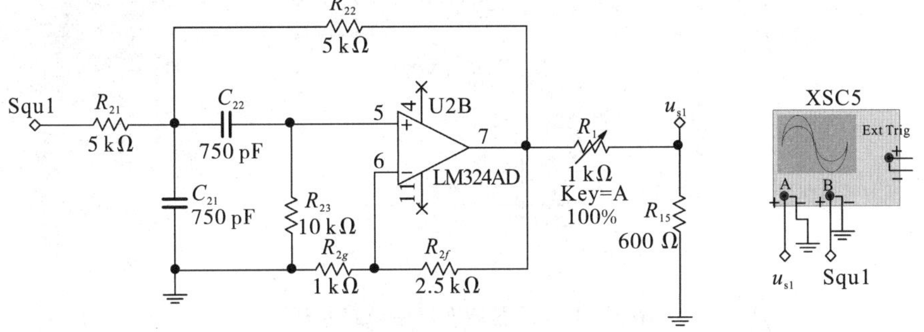

图 3-3-11　正弦波Ⅰ产生电路原理图

2. 仿真结果

滤波电路输出的正弦波Ⅰ如图 3-3-12 所示。

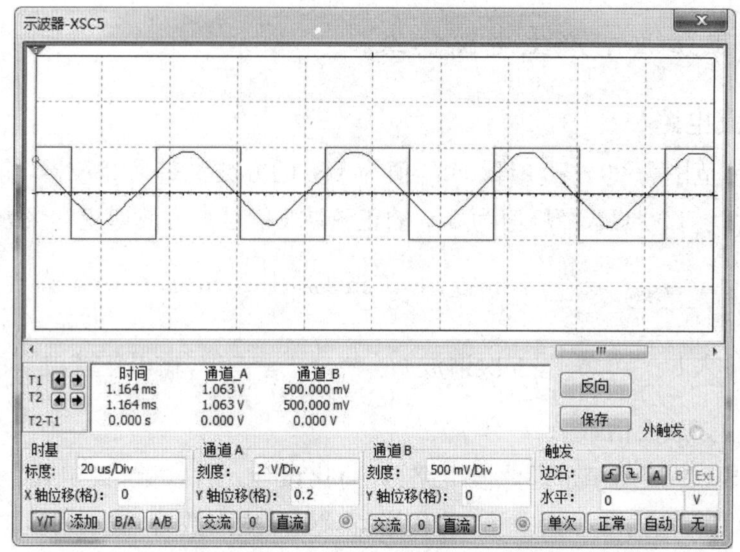

图 3-3-12　正弦波 Ⅰ 产生电路仿真结果

3.3.8　正弦波 Ⅱ 产生电路仿真

1. 仿真电路

将频率范围为 20～50 kHz 的方波经带通滤波器，输出满足频率为 250 kHz，输出电压幅度峰峰值为 8 V 的正弦波 Ⅱ。设计方法同上，采用 SK 型窄带通滤波电路。设计电路如图 3-3-13 所示。

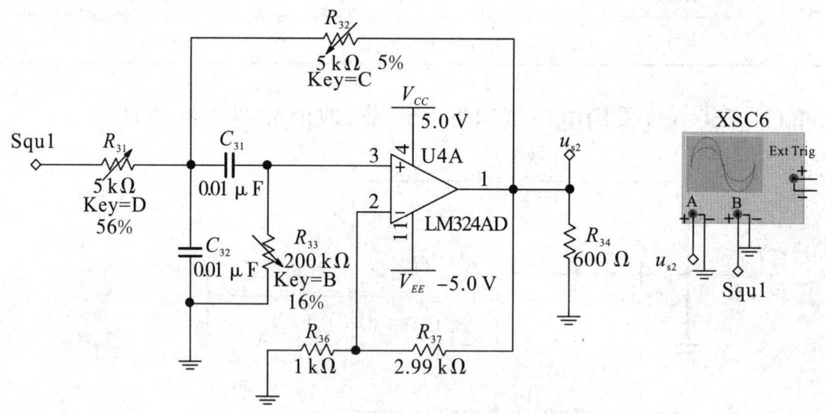

图 3-3-13　正弦波 Ⅱ 产生电路原理图

2. 仿真结果

滤波电路(五次谐波)输出的正弦波如图 3-3-14 所示。

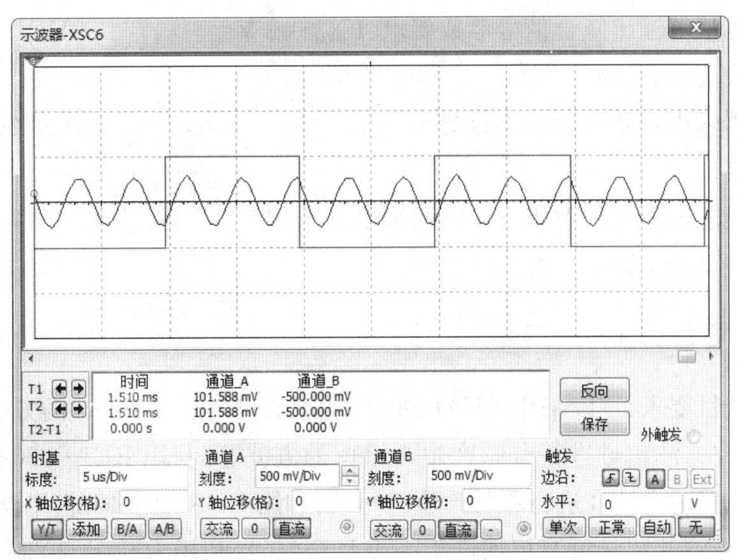

图 3-3-14　正弦波Ⅱ产生电路仿真结果

3.4　2017 年全国电子设计大赛综合测评题仿真

3.4.1　题目

使用题目指定的综合测试板上的 2 片 READ2302G（双运放）和 1 片 HD74LS74 芯片设计制作一个复合信号发生器。

设计要求如图 3-4-1 所示。设计制作一个方波产生器输出方波，将方波产生器输出的方波四分频后再与三角波同相叠加输出一个复合信号，再经滤波器后输出一个正弦波信号。

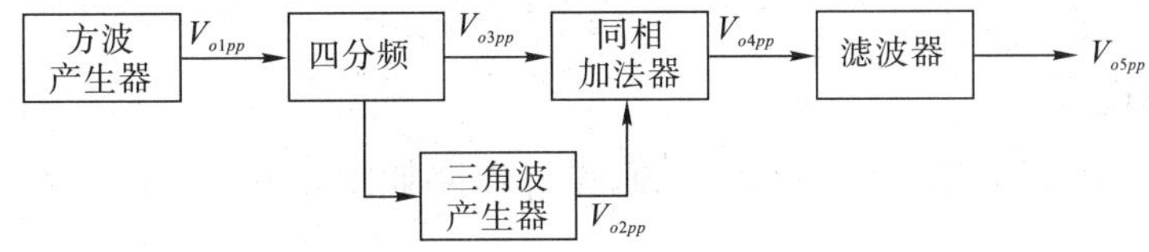

图 3-4-1　设计要求图

方波产生器输出信号参数要求：$V_{o1pp}=3\ \text{V}\pm5\%$，$f=20\ \text{kHz}\pm100\ \text{Hz}$，波形无明显失真；

四分频方波输出信号参数要求：$V_{o3pp}=1\ \text{V}\pm5\%$，$f=5\ \text{kHz}\pm100\ \text{Hz}$，波形无明显失真；

三角波产生器输出信号参数要求：$V_{o2pp}=1\ \text{V}\pm5\%$，$f=5\ \text{kHz}\pm100\ \text{Hz}$，波形无明显失真；

同相加法器输出复合信号参数要求：$V_{o4pp}=2\ \text{V}\pm5\%$，$f=5\ \text{kHz}\pm100\ \text{Hz}$，波形无明显失真；

滤波器输出正弦波信号参数要求：$V_{o5pp}=3\ \text{V}\pm5\%$，$f=5\ \text{kHz}\pm100\ \text{Hz}$，波形无明显失真；

电源只能选用＋12 V 和＋5 V 两种单电源，由稳压电源供给。不得使用额外电源和其他型号运算放大器。

3.4.2 题目分析

根据题目要求，可以采用 READ2302G 芯片产生一个 20 kHz 的方波Ⅰ；利用 74LS74 对此方波信号进行分频产生 5 kHz 的方波Ⅱ；利用 READ2302G 芯片设计出积分电路对方波Ⅱ进行积分产生三角波；利用 READ2302G 芯片设计出同相加法器，将方波Ⅱ和三角波相加产生一个复合信号；利用 READ2302G 芯片设计出低通滤波器，对同相加法器输出的复合信号进行滤波，产生正弦波。系统的原理框图如图 3-4-2 所示。

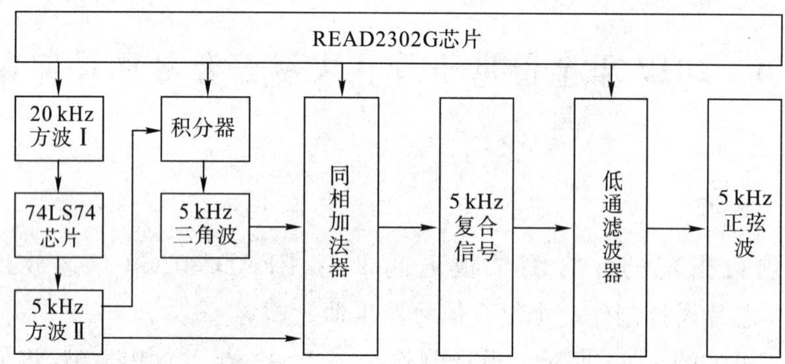

图 3-4-2 系统原理框图

3.4.3 电源电路仿真

1. 仿真电路

采用两个电阻分压，产生正负电源，设计电路如图 3-4-3 所示。

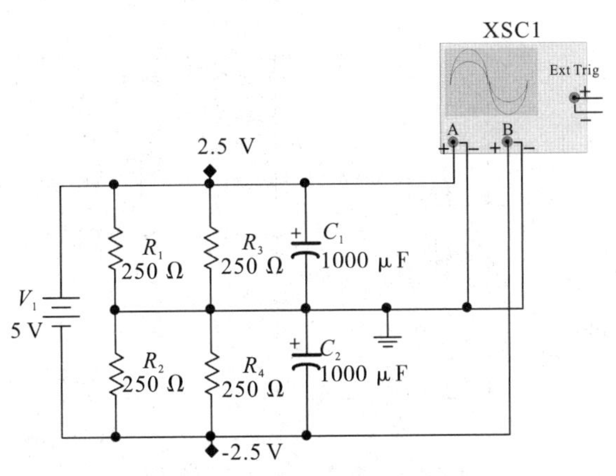

图 3-4-3　电源电路原理图

2. 仿真结果

仿真结果如图 3-4-4 所示。

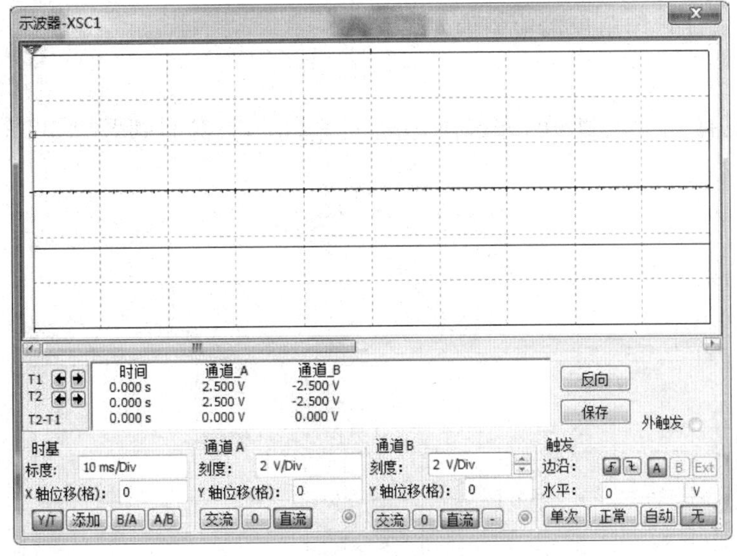

图 3-4-4　电源电路仿真结果

3.4.4　方波产生电路

1. 仿真电路

设计要求产生方波信号，幅值和频率分别为 3 V±5%和 20 kHz±100 Hz。电路如图 3-4-5 所示，R_5 和 C_3 构成 RC 充放电电路，把电容电压接入集成运算放大器的反相输入端。通过 RC 充、放电实现输出状态的自动转换，经滞回电压比较器输出方波。输出方波信号周期和频率分别为

$$T=2R_3C_1\ln\left(1+\frac{2R_1}{R_2}\right)、f=\frac{1}{T}=\frac{1}{2R_3C_1\ln\left(1+\frac{2R_1}{R_2}\right)}$$

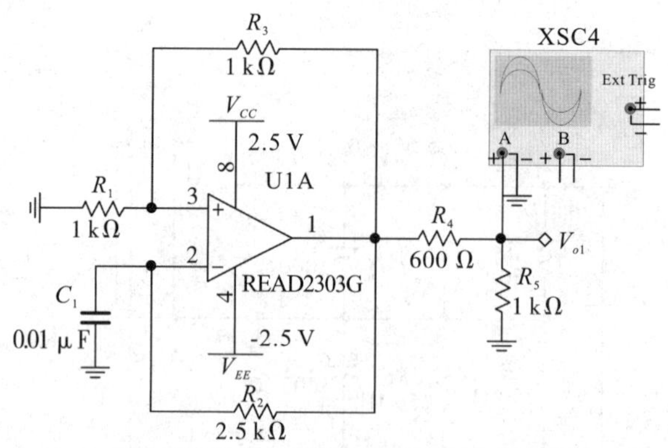

图 3-4-5　方波产生电路原理图

参数选择步骤：首先，根据产生频率的大小范围选定电容；然后，由输出信号幅值大小确定滞回电压比较器的阈值电压，$u_+=U_{th}\dfrac{R_1}{R_1+R_2}$；最后，根据输出信号频率，由公式计算出负反馈电阻值，$R_3=\dfrac{1}{2fC_1\ln(1+\dfrac{2R_1}{R_2})}$。

选择电容 $C_1=0.01\ \mu F$，并选择 $R_1=R_2=1\ k\Omega$，计算得到 $R_3=3607\ \Omega$，实际选择 $R_3=2.5\ k\Omega$。

2. 仿真结果

仿真结果如图 3-4-6 所示。

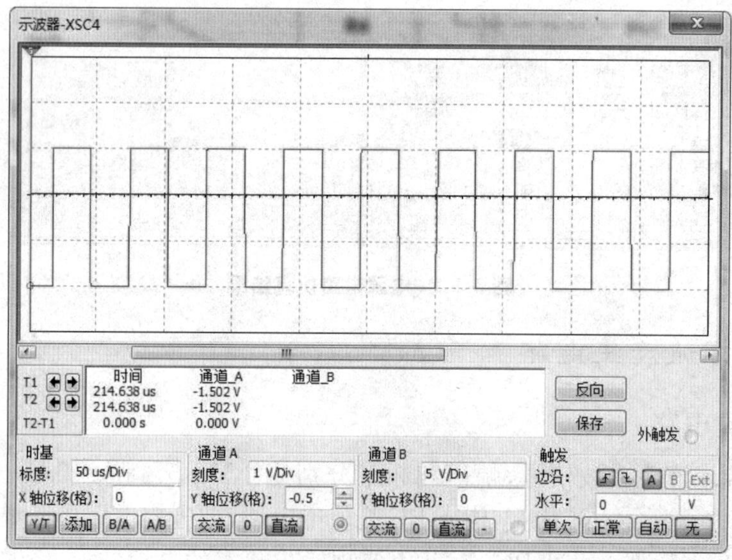

图 3-4-6　方波产生电路原理图

3.4.5　四分频电路

1. 仿真电路

四分频方波输出信号参数要求：$V_{03pp}=1\ \text{V}\pm5\%$，$f=5\ \text{kHz}\pm100\ \text{Hz}$，波形无明显失真。采用 74LS74 双上升沿 D 触发器芯片，利用两路 D 触发器可以构成四分频电路，如图 3-4-7 所示。

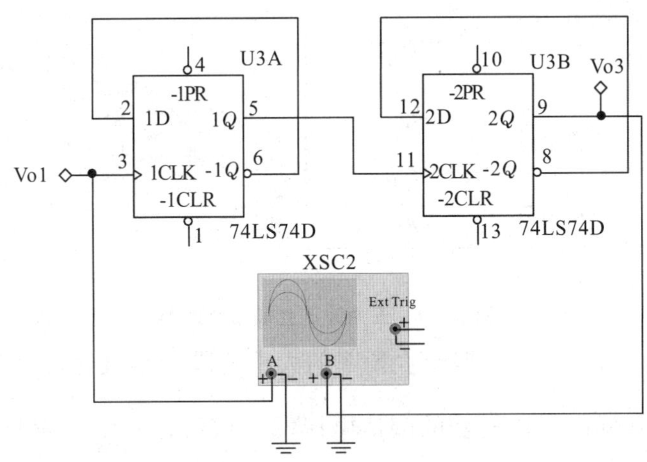

图 3-4-7　四分频电路原理图

2. 仿真结果

仿真结果如图 3-4-8 所示。

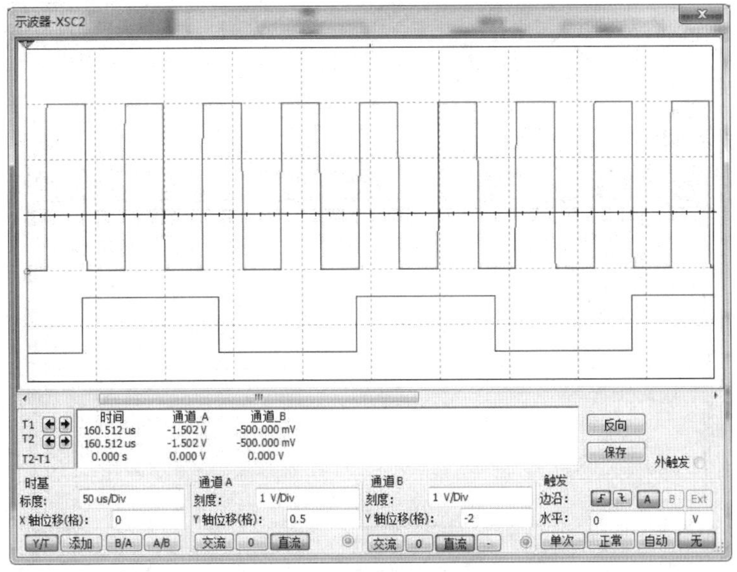

图 3-4-8　四分频电路仿真结果

3.4.6 三角波产生器

1. 仿真电路

要求产生峰峰值为 1 V±5%，频率为 5 kHz±100 Hz 的三角波，设计采用积分电路将方波转换为三角波，如图 3-4-9 所示。根据“虚短”和“虚断”以及电路的基本定律，可以对积分电路进行分析，写出输出电压和输入电压的关系。

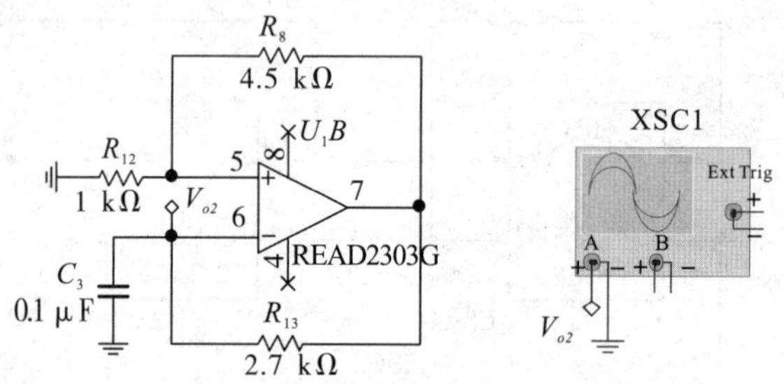

图 3-4-9 三角波产生电路原理图

参数选择步骤：首先，根据产生频率的大小范围选定电容；然后，由输出信号幅值大小确定滞回电压比较器的阈值电压，$u_+ = U_{th}\dfrac{R_{11}}{R_{11}+R_{12}}$；最后，根据输出信号频率，由公式计算出负反馈电阻值，$R_{13}=\dfrac{1}{2fC_3\ln\left(1+\dfrac{2R_{11}}{R_{12}}\right)}$。

选择电容 $C_3=0.1\ \mu\text{F}$，并选择 $R_1=1\ \text{k}\Omega$，$R_2=4.5\ \text{k}\Omega$，计算得到 $R_{13}=2719\ \Omega$，实际选择 $R_{13}=2.7\ \text{k}\Omega$。

2. 仿真结果

仿真结果如图 3-4-10 所示。

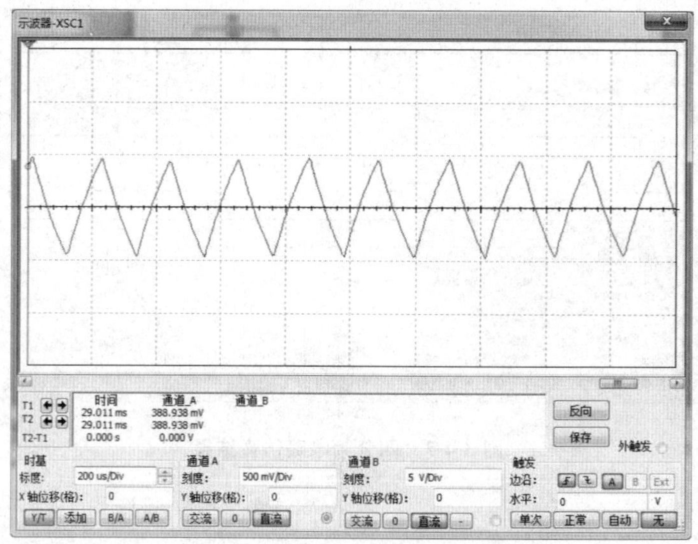

图 3-4-10 三角波产生电路仿真结果

3.4.7　同相加法器

1. 仿真电路

同相加法器输出复合信号参数要求：$V_{04pp}=2\ \mathrm{V}\pm5\%$，$f=5\ \mathrm{kHz}\pm100\ \mathrm{Hz}$，波形无明显失真。两输入同相加法器如图 3-4-11 所示，利用“虚短”和“虚断”进行分析，可以得出同相加法器的输出与输入之间的关系表达式为

$$u_o=\left(1+\frac{R_4}{R_3}\right)\frac{R_2u_{i1}+R_1u_{i2}}{R_1+R_2}$$

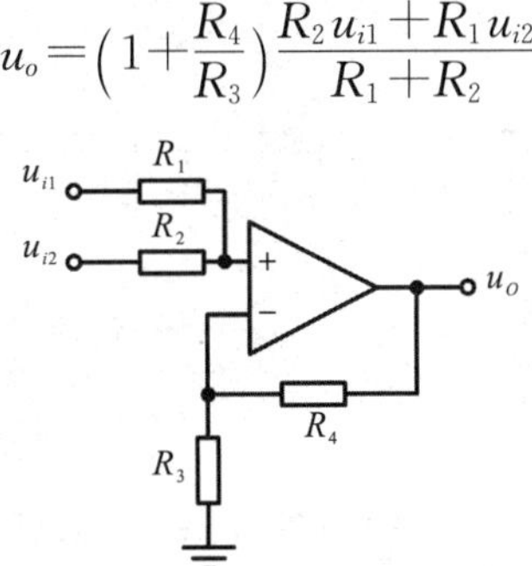

图 3-4-11　同相加法器

电路中 R_3 为平衡电阻，目的是使集成运放两个输入端保持对称，同相加法电路中的平衡电阻为：$R_3//R_4=R_1//R_2$。

对于电阻参数的选择，需要根据所要设计的加法表达式的各项系数进行求解。设计时，对于某些电阻比、乘积或求和项，尽量选择倍数关系，以便消去，从而简化参数选择。设计电路如图 3-4-12 所示。

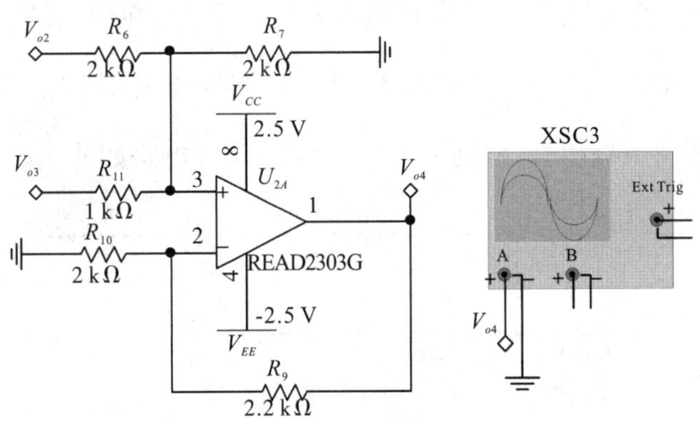

图 3-4-12　同相加法器原理图

2. 仿真结果

仿真结果如图 3-4-13 所示。

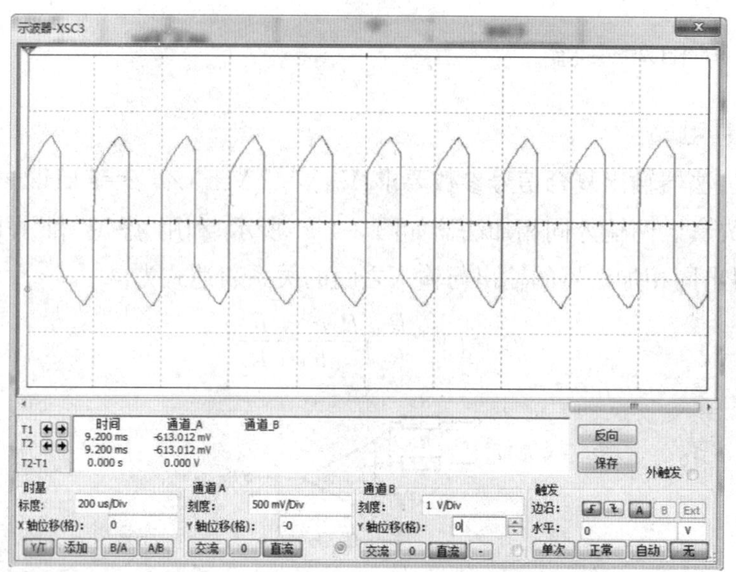

图 3-4-13　同相加法器仿真结果

3.4.8　滤波器

1. 仿真电路

滤波器输出正弦波信号参数要求：$V_{05pp}=3\ \text{V}\pm5\%$，$f=5\ \text{kHz}\pm100\ \text{Hz}$，波形无明显失真。加法器输入的信号峰峰值为 1 V±5%，频率为 5 kHz±100 Hz 的方波信号和峰峰值为 1 V±5%、频率为 5 kHz±100 Hz 的三角波信号。为了简化设计采用二阶 SK 型低通滤波器，并且选定电容值均为 $C=10$ nF。输入信号从同相端输入，反相端构成反相比例运算器调节滤波输出幅值。电阻值的选取依据 $R=\dfrac{1}{2\pi f_0 C}$，并设定 R_{21} 和 R_{22} 相等，R_{14} 和 R_{15} 根据幅值需要调节，设计电路如图 3-4-14 所示。

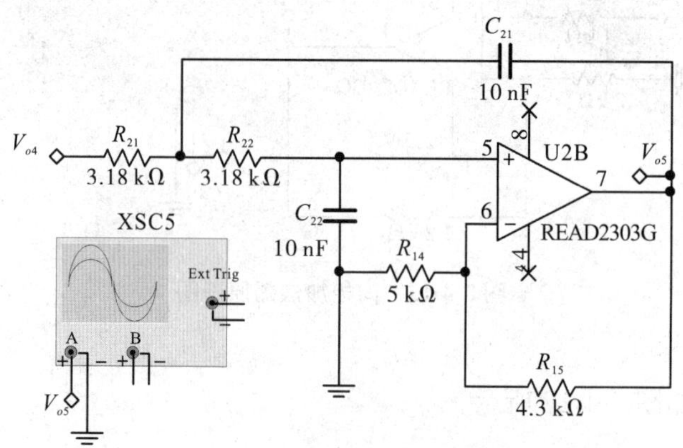

图 3-4-14　滤波器原理图

2. 仿真结果

仿真结果如图 3-4-15 所示。

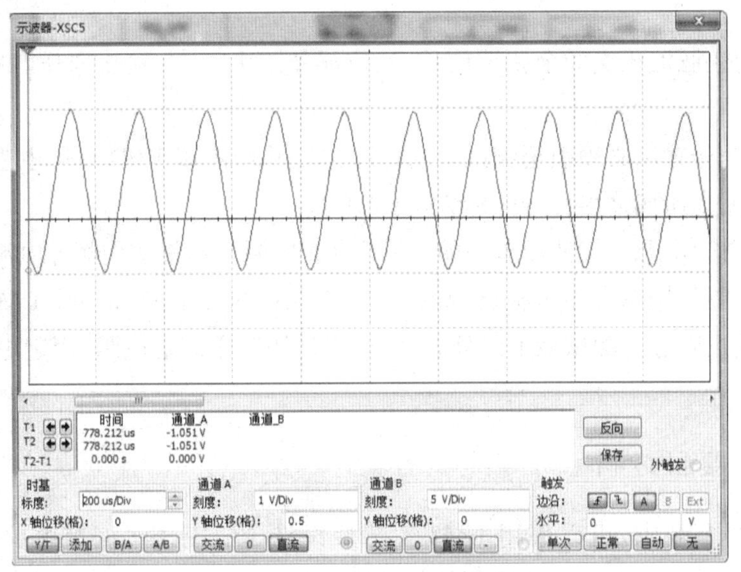

图 3-4-15　滤波器仿真结果

3.5　2019 年全国电子设计大赛综合测评题仿真

3.5.1　题目

使用题目指定综合测试板上的一片 LM324AD(四运放)和一片 SN74LS00D(四与非门)芯片设计制作一个多路信号发生器,如图 3-5-1 所示。

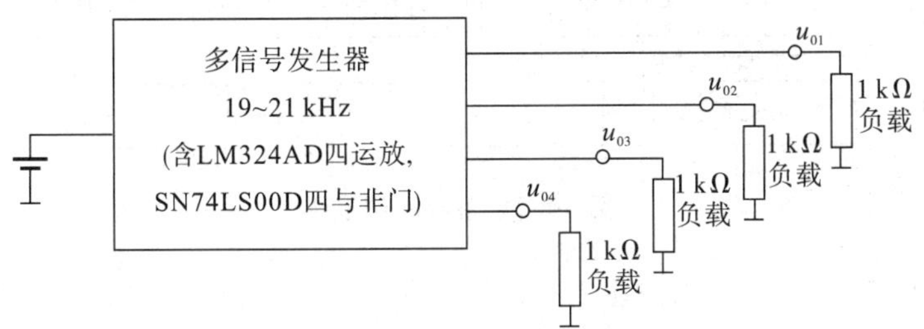

图 3-5-1　设计要求图

设计任务与指标要求:

利用综合测试板和若干电阻、电容元件,设计制作电路产生下列四路信号:

(1)频率为 19～21 kHz 连续可调的方波脉冲信号,幅度不小于 3.2 V。

(2)与方波同频率的正弦波信号,输出电压失真度不大于 5%,峰峰值(V_{pp})

不小于 1 V。

(3)与方波同频率占空比 5%～15%连续可调的窄脉冲信号，幅度不小于 3.2 V。

(4)与正弦波正交的余弦波信号，相位误差不大于 5°，输出电压峰峰值(V_{pp})不小于 1 V。

各路信号输出必须引至测试板的标注位置并均需接 1 kΩ 负载电阻(RL)，要求在引线贴上所属输出信号的标签，便于测试。

注意:(1)电源只能使用单一的+5 V 直流电源。不得使用额外电源。

(2)只能使用综合测试板自带的一片 SN74LS00D 芯片和一片 LM324AD 芯片，不能使用除综合测试板上以外芯片，可以使用若干固定电阻、固定电容和可变电阻原件。

3.5.2 题目分析

根据题目要求，可以采用 LM324 芯片设计 RC 正弦波振荡电路产生一个 19～21 kHz连续可调的正弦波；利用 LM324 芯片设计的比较器 1 将此正弦波转换为方波，输出端采用 74LS00 对波形加以整形，产生频率为 19～21 kHz 连续可调的方波；利用 LM324 芯片设计的比较器 2 将正弦波转换为与方波同频率占空比 5%～15%连续可调的窄脉冲信号；利用 LM324 芯片设计出微分电路对正弦波进行微分产生余弦波。系统的原理框图如图 3-5-2 所示。

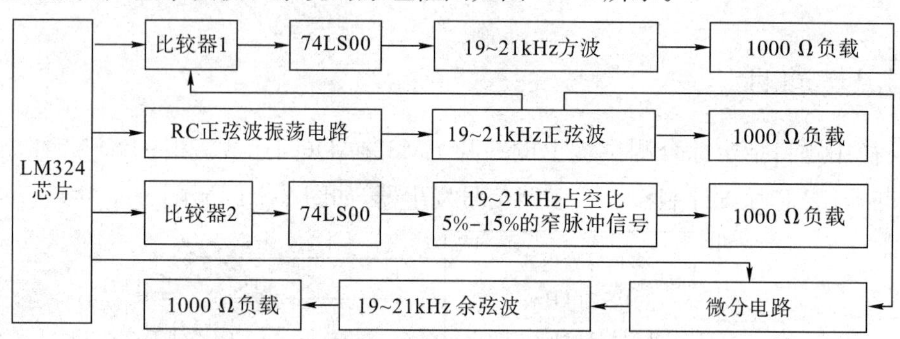

图 3-5-2 系统原理框图

3.5.3 正弦波产生电路

1. 仿真电路

题目要求正弦波信号频率与方波相同，因此也在 19～21 kHz 连续可调，输出电压失真度不大于 5%，峰峰值(V_{pp})不小于 1 V。若采用 RC 正弦波振荡电路产生，则同相比例放大系数必须不小于 2。电路如图 3-5-3 所示，$R_1=R_2=R$，$C_1=$

$C_2=C$。若取 $C=0.01\ \mu\text{F}$，则利用 $R=\dfrac{1}{2\pi fC}$，即可求出电阻 R 的取值范围为 757.9～837.7 Ω。取阻值范围为 1 kΩ 的电位器作为电阻 R，并设置电阻 $R_3=1\ \text{k}\Omega$，$R_4=2.2\ \text{k}\Omega$，并调整好周期大小满足要求。

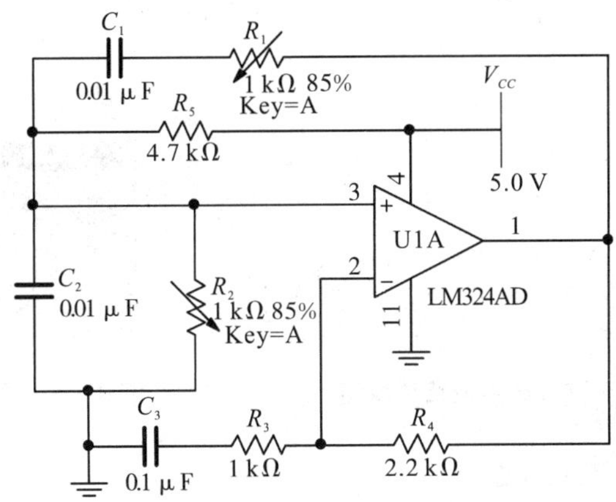

图 3-5-3 RC 正弦波振荡电路

接下来在输出端串联一个 2 kΩ 的电位器进行分压，以满足负载 1 kΩ 的输出电压峰峰值为 1 V，如图 3-5-4 所示。

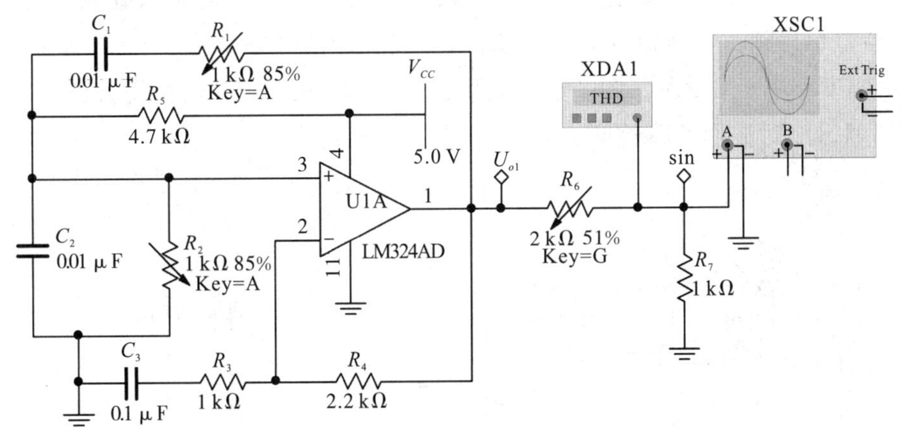

图 3-5-4 正弦波产生电路原理图

2. 仿真结果

仿真结果如图 3-5-5 和图 3-5-6 所示。

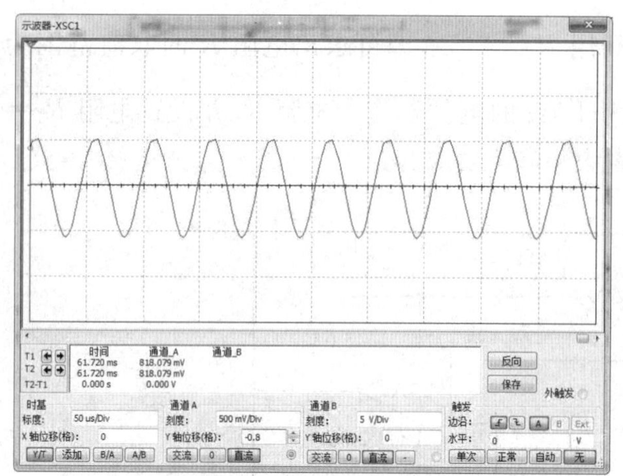

图 3-5-5　正弦波产生电路仿真图

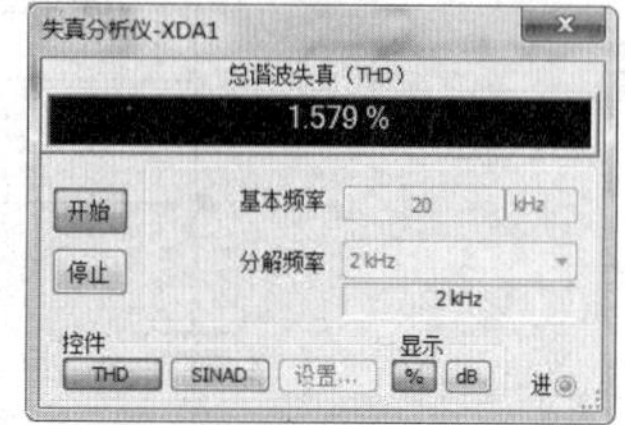

图 3-5-6　波形失真度仿真结果

3.5.4　方波产生电路

1. 仿真电路

方波可以采用两个与非门构成配合电阻电容构成多谐振荡器产生，也可以采用一个运放搭配一些电阻电容产生，当然也可以通过已产生的正弦波或三角波经比较器整形得到。根据题目给定的条件，方波脉冲信号频率为 19～21 kHz 连续可调，幅度不小于 3.2 V。图 3-5-7 采用比较器将输入正弦波转换为方波，输出端采用 74LS00 对波形加以整形。

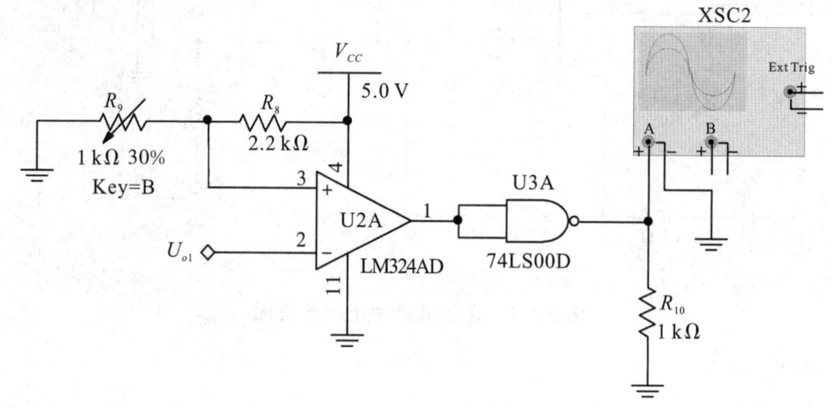

图 3-5-7　方波产生电路原理图

2. 仿真结果

仿真结果如图 3-5-8 所示。

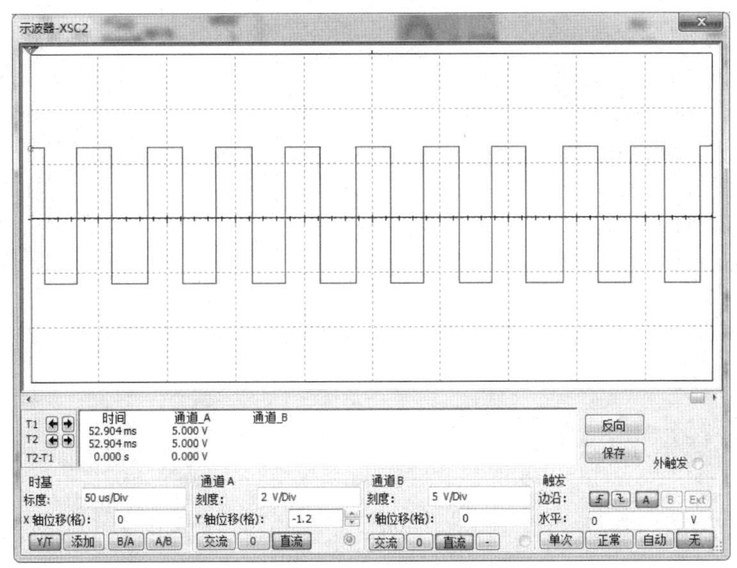

图 3-5-8 方波产生电路仿真结果

3.5.5 窄脉冲信号产生电路

1. 仿真电路

窄脉冲与方波同频率占空比 5%～15%连续可调的窄脉冲信号，幅度不小于 3.2 V，电路如图 3-5-9 所示。

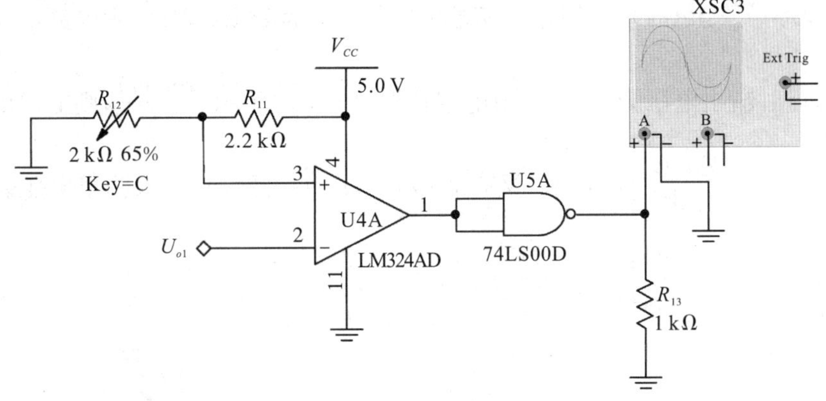

图 3-5-9 窄脉冲信号产生电路原理图

2. 仿真结果

仿真结果如图 3-5-10 所示。

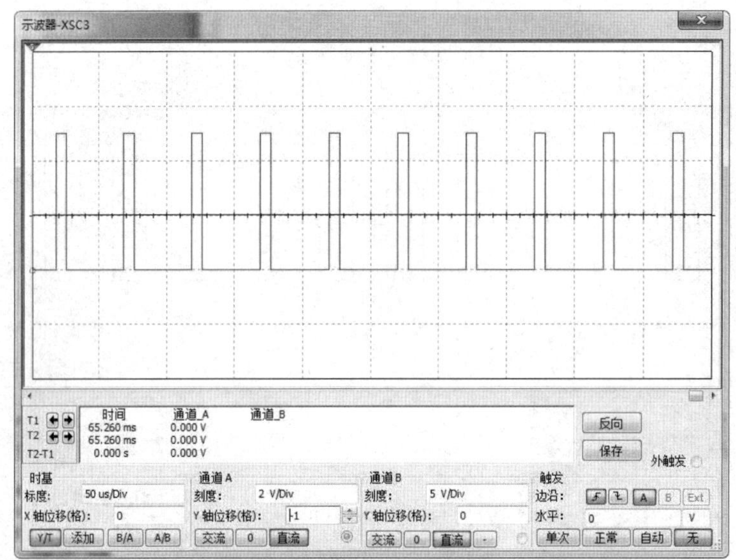

图 3-5-10 窄脉冲信号产生电路仿真结果

3.5.6 余弦波产生电路

1. 仿真电路

采用微分电路对正弦波移相得到余弦波信号，相位误差不大于5°，输出电压峰峰值(V_{pp})不小于1 V，设计电路如图3-5-11所示。假设电路图中输入端正弦信号为$u_i(t)=\frac{V_{pp}}{2}\sin(\omega t)$，并假定同相端电压值为一常数$U_+$，其值由电源电压经电阻分压得到，输出电压为$u_o(t)$。由电容特性可知，$i_c(t)=C\frac{\mathrm{d}u_C(t)}{\mathrm{d}t}$，则输出电压为$u_o(t)=(-R_{17}C\frac{\mathrm{d}u_C(t)}{\mathrm{d}t}+U_+)$。又有$u_C(t)=(u_i(t)-U_+)$，带入输出电压表达式可得：

$$u_o(t)=(-R_{17}C\frac{\mathrm{d}(u_i(t)-U_+)}{\mathrm{d}t}+U_+)=(-R_{17}C\frac{V_{pp}}{2}\cos(\omega t)+U_+)\mathrm{V}$$

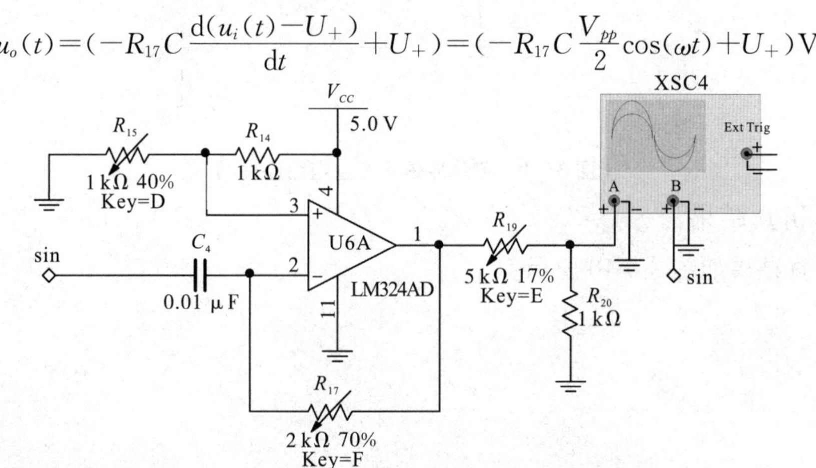

图 3-5-11 余弦波产生电路原理图

2. 仿真结果

仿真结果图 3-5-12 所示。

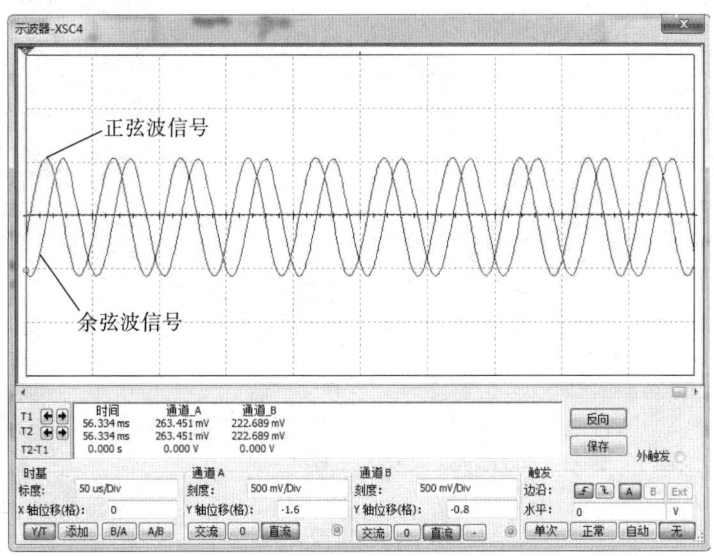

图 3-5-12　余弦波产生电路原理图